高等职业教育本科药学类专业规划教材

化工原理实验及
制药单元仿真实训教程

（供制药工程技术及相关专业用）

主　编　李卫宏

主　审　何军邀

副主编　周子牛

编　者　（以姓氏笔画为序）

王　隽（浙江药科职业大学）

向自伟（浙江药科职业大学）

刘　达（大庆师范学院）

李卫宏（浙江药科职业大学）

余卫国（浙江药科职业大学）

陈　维（浙江药科职业大学）

陈慧梅（浙江药科职业大学）

周子牛（浙江药科职业大学）

周惠燕（浙江药科职业大学）

姜亦坚（大庆师范学院）

徐小军（浙江药科职业大学）

黄卫云（上海紫裕生物科技有限公司）

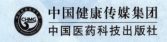

中国健康传媒集团
中国医药科技出版社

内 容 提 要

本教材为"高等职业教育本科药学类专业规划教材"之一。本教材共七章,内容主要包括化工原理实验相关内容、制药单元仿真实训相关内容、典型制药生产实操相关内容,兼顾实验研究方法、数据处理及实验数据处理过程中应用的两个软件。本教材着重介绍化工原理实验及单元操作必须掌握的基本知识、基本理论、安全知识、操作规范和设备维护等知识。本教材的内容和功能既能满足教师课内课外教学,又能实现学生线上线下学习的需求,满足信息化时代实验课程教材所需功能。本教材为书网融合教材,即纸质教材有机融合电子教材、教学配套资源(PPT、微课、视频、图片等)、题库系统、数字化教学服务(在线教学、在线作业、在线考试),使教学资源更加多元化、立体化,促进学生自主学习。

本教材可作为化工原理实验、专业综合实训课程的教材,适用于高职本科、专科院校制药工程技术及相关专业学生使用,也可作为化工与制药类相关专业教师和学生的参考书。

图书在版编目(CIP)数据

化工原理实验及制药单元仿真实训教程/李卫宏主编. —北京:中国医药科技出版社,2024.8
高等职业教育本科药学类专业规划教材
ISBN 978 - 7 - 5214 - 4361 - 5

Ⅰ.①化… Ⅱ.李… Ⅲ.①化工原理 - 实验 - 高等职业教育 - 教材 ②制药工业 - 化学工程 - 实验 - 高等职业教育 - 教材 Ⅳ.①TQ02 - 33 ②TQ46 - 33

中国国家版本馆 CIP 数据核字(2023)第 252296 号

美术编辑 陈君杞

版式设计 友全图文

出版 **中国健康传媒集团** | 中国医药科技出版社

地址 北京市海淀区文慧园北路甲 22 号

邮编 100082

电话 发行: 010 - 62227427 邮购: 010 - 62236938

网址 www. cmstp. com

规格 889mm × 1194mm $^1/_{16}$

印张 12 $^1/_2$

字数 345 千字

版次 2024 年 8 月第 1 版

印次 2024 年 8 月第 1 次印刷

印刷 天津市银博印刷集团有限公司

经销 全国各地新华书店

书号 ISBN 978 - 7 - 5214 - 4361 - 5

定价 **45.00** 元

获取新书信息、投稿、为图书纠错,请扫码联系我们。

数字化教材编委会

主　编　李卫宏
副主编　周子牛
编　者　（以姓氏笔画为序）
　　　　王　隽（浙江药科职业大学）
　　　　向自伟（浙江药科职业大学）
　　　　刘　达（大庆师范学院）
　　　　李卫宏（浙江药科职业大学）
　　　　余卫国（浙江药科职业大学）
　　　　陈　维（浙江药科职业大学）
　　　　陈慧梅（浙江药科职业大学）
　　　　周子牛（浙江药科职业大学）
　　　　周惠燕（浙江药科职业大学）
　　　　姜亦坚（大庆师范学院）
　　　　徐小军（浙江药科职业大学）
　　　　黄卫云（上海紫裕生物科技有限公司）

前言 PREFACE

化工原理实验及制药单元仿真实训是化工与制药类专业重要的专业实践部分，主要包括化工原理实验、制药单元仿真实训、典型制药生产实操。本教程依托制药工程技术专业，以培养学生实践能力为目标，以开展学生竞赛为平台，紧密围绕化学制药生产工艺及实验操作技能的专业需求编写教材内容。

化工原理实验内容主要包括流体流动综合实验、过滤综合实验、传热综合实验、精馏综合实验、干燥实验和吸收、萃取实验等。通过化工原理实验使学生能够更好地理解单元操作的基本原理以及实验操作的方法，熟悉设备的基本构造及流程。并为解决化工原理实验数据繁琐的处理过程，介绍了 Excel、Origin 两个数据处理软件的应用操作。

制药单元仿真实训是制药工程技术专业综合实训课程，主要内容包括药物合成单元反应实训、虚拟仿真工厂实训等，通过专业综合训练，了解药品合成的工艺路线，理解药物生产过程的主要控制指标，掌握设备的操作过程，能完成加料、合成、结晶、抽滤等后处理过程，掌握制药岗位操作必需的基本理论、安全知识、操作规范和设备维护等知识，是化工原理课程的延续和提升。本教材将两个实践教学环节编写在一起，符合授课的先后顺序和逻辑关系，操作程序按照药物合成岗位所需要的职业能力设计教学过程，教学内容以完成药物合成操作的具体工作项目为出发点，根据职业本科院校学生的认知特点、工作流程和国家对有机合成工的要求安排选取，项目内容具有典型性、可操作性，同时满足两门课程的授课需要。

本教材由李卫宏主编，何军邀教授主审。教材的内容和功能既能满足教师课内课外教学，又能实现学生线上线下学习的需求，满足信息化时代实验课程教材所需功能。纸制内容有化工原理实验中的数据处理、操作类实验，以及 Excel 软件、Origin 软件在实验数据处理中的应用等；网络资源有实验理论教学 PPT、实验教学视频、习题等资源链接内容。

本教材在编写过程中得到北京东方仿真软件技术有限公司、浙江中控技术股份有限公司、上海紫裕生物科技有限公司的大力支持和协助，同时感谢浙江药科职业大学药物化学教研室全体教师在有关学科问题上的帮助。

本教材可作为化工原理实验、制药工程专业实训课程的教材，适用于本科、专科院校学生，也可作为化工与制药类相关专业教师和学生的参考书。

由于编者水平有限，不足之处在所难免，敬请广大读者批评和指正。

编　者
2024 年 2 月

CONTENTS 目录

第一章 化工原理实验概述

学习目标

1. 掌握化工原理实验特点和基本要求。
2. 熟悉化工原理实验主要教学内容。
3. 了解从事化工原理实验的基本知识和实验操作基本要求。
4. 能够有序组织实验，预习实验，正确读取和记录实验数据。

一、化工原理实验的特点

化工原理是化学工程、化学工艺及其相近专业重要的专业基础课，教学内容与生产实际紧密联系，是一门实践性极强的工程性学科，主要研究化工单元操作的基本原理、典型设备的结构原理和操作性能。通过化工原理实验使学生对工程学科的研究方法有一感性认识，学会实验组织和数据处理，掌握工程实验的方法及实验技能，培养发现问题、解决问题的能力。

化工原理实验不同于基础化学实验，研究内容是工程实际问题，所用设备接近工业设备。工程实验的困难在于变量多，涉及的物料千变万化，设备大小悬殊，实验工作量大、难度高。因此不能把处理一般物理实验的方法简单地套用于化工原理实验。数学模型方法和因次论指导下的实验研究方法是研究工程问题的两个基本方法。数学模型方法，首先是对复杂的实际问题在深刻理解了其内部规律的基础上，提出一个比较接近实际问题的物理模型，建立描述这个物理模型的数学方程，然后确定方程的初始条件并求解方程。实验研究方法是指直接通过各种实验或在因次分析方法指导下进行实验，直接测定并将各变量之间的关系，以图表或经验公式的形式表示出来。这两种方法可以非常成功地使实验研究结果由小见大，由此及彼地应用于大设备的生产设计上。

化工原理实验首要的目的就是要帮助学生掌握处理工程问题的实验方法，另一目的是理论联系实际。通过化工原理实验，学生应能运用理论指导且能够独立进行化工单元的操作，能在现有设备中完成指定的任务，并预测某些参数的变化对过程的影响。

二、化工原理实验基本要求

（一）实验研究方法及数据处理

1. 掌握处理化学工程问题的基本实验研究方法，掌握如何规划实验，去检验模型的有效性和模型参数的估值。
2. 掌握最基本的经验参数和模型参数的估值方法——最小二乘法。
3. 对于特定的工程问题，在缺乏数据的情况下学会如何组织实验以取得必要的设计数据。

（二）熟悉化工数据的基本测试技术

其中包括操作参数（如流量、温度、压强等）和设备特性参数（如阻力系数、传热系数、传质系数等）、特性曲线的测试方法。

（三）熟悉并掌握典型设备的操作

了解有关影响操作的参数，能在现有设备中完成指定的工艺要求，并能预测某些参数的变化对设备能力的影响，及时做出合理的调整。

三、化工原理实验教学内容

化工原理实验课内容包括实验理论教学和操作类实验教学。实验理论主要阐明实验方法论、数据处理、测试技术及典型化工设备的操作。操作类实验主要是化工原理理论课对应的单元操作实验，通过操作实验可以熟悉设备的结构、了解实验操作规程及可能的实验现象、掌握实验操作要点及实验所需测量的数据，验证理论教学的科学问题。

典型的操作类实验项目有以下几种。

（1）流体流动阻力的测定；

（2）离心泵特性曲线的测定；

（3）过滤及过滤常数的测定；

（4）换热器的操作和传热系数的测定；

（5）填料吸收塔的操作和传质系数的测定；

（6）精馏塔的操作与塔板效率的测定；

（7）液液萃取操作与萃取效率的测定；

（8）干燥操作和干燥速度曲线的测定。

通过实验课的教学，学生应掌握科学实验的全过程，主要包括以下几项。

（1）实验前的准备；

（2）进行实验操作；

（3）正确记录和处理实验数据；

（4）计算机数据采集；

（5）撰写实验报告。

四、化工原理实验基本知识

（一）实验守则

1. 实验前认真准备，明确实验目的、任务和实验方法，做好实验前的预习，完成线上学习内容，保证实验任务的顺利完成。

2. 穿好实验服，进入实验室后，要严肃认真，不得追逐嬉笑。

3. 对本次实验用的仪器设备，要在明确用法、弄清流程后才准使用。凡非属本次实验用的仪器设备，一律不准随便使用，以免损坏或发生意外。

4. 注意节约水电、蒸汽及化学药品等物资，爱护仪器设备。

5. 因责任事故而损耗物资、损坏仪器等按照有关制度，根据情节轻重及本人对错误的认识程度，给予相应处分。

6. 实验结束后，应将使用的仪器设备整理复原，关闭水源、电源、气源并将场地打扫干净。

7. 高压钢瓶的安全使用。气体钢瓶是由无缝碳素钢或合金钢制成的，适用于装介质压力在15.0MPa

以下的气体。气瓶的主要危险是可能爆炸和漏气。已充气的气体钢瓶爆炸的主要原因是气瓶受热而使其内部气体膨胀，以致压力超过气瓶的最大负荷而爆炸。另外，可燃性气体的漏气也会造成危险，如氢气泄露时，当氢气与空气混合后体积分数达到 4% ~ 75.2% 时，遇明火会发生爆炸。因而在使用高压钢瓶时要注意以下事项。

（1）搬运钢瓶时，应戴好钢瓶帽和橡胶安全圈，并严防钢瓶摔倒或受到撞击，以免发生意外事故。钢瓶应远离热源，放在阴凉、干燥的地方，使用时必须牢靠地固定在架子上、墙上或实验台旁。

（2）决不可使油或其他易燃性有机物粘在气瓶上，特别是出口和气压表处；也不可用棉、麻等堵漏，以防燃烧引起事故。

（3）使用钢瓶时，一定要用气压表，而且各种气压表不能混用。一般可燃性气体的钢瓶气门螺纹是反扣的（如 H_2，C_2H_2），不可燃或助燃性气体的钢瓶气门螺纹是正扣的（如 N_2，O_2）。

（4）使用钢瓶时必须连接减压阀或高压调节阀，不经这些部件让系统直接跟钢瓶连接是非常危险的。

（5）开启钢瓶阀门及调压时，人不要站在气体出口的前方，头不要在瓶口上方，以防万一钢瓶的总阀门或气压表被冲出伤人。

（6）当钢瓶使用到瓶内压力为 0.5MPa 时，应停止使用。压力过低会给重新充气带来不安全因素，当钢瓶内的压力与外界压力相同时，易引起空气的进入。

（二）从事科学实验的基本态度

进行化工原理实验首先要具有的最基本的态度——实事求是的态度。"实事求是"就是把实验中所观测到的现象、数据、规律如实地记录下来，把它们当作第一手材料来对待。科学推理要以实验观测为依据，科学理论要用实验观测来检验，因此记录下来的应该是实际观测到的情况而不能在任何理由下加以编造、修改或歪曲。例如某个参数根据理论计算其值应该是 100，而在实验中测到的是 20，那该怎么办呢？应该把 20 的值记录下来，然后再去找原因，而不能用任何其他数字来搪塞。

实验中直接观察到的现象和数字，可能不够准确，可能有错误，但是某次实验是不是不可靠只能用反复多次的实验来核对，不能用"与书本上的陈述不符"，或"与依据某种理论的计算结果不符"就来修改记录或取消某次记录，对待实验观测必须严肃认真，决不能随便记录某个数字，不能随便更改某个数字。

只有具备了这种最基本的态度，实验工作才可能提供有意义的材料，只有具备了这种基本态度，才可能充分理解化工原理实验的实验守则，才能理解实验工作中的各项要求，才能积极主动地根据这些要求来工作，并使自己受到正确的训练，不断提高科学实验能力。

五、实验操作过程基本要求

（一）准备实验

1. 阅读实验指导书，弄清实验的目的与要求。

2. 根据实验的具体任务，研究实验的做法及其理论根据，分析应该测取哪些数据并估计实验数据的变化规律。

3. 到实验室观看设备流程，主要设备的构造，仪表种类，安装位置，了解它们的启动和使用方法（但不要擅自启动，以免损坏仪表设备或发生其他事故）。

4. 根据实验任务及现场设备情况或实验室可能提供的其他条件，确定应该测取的数据。

5. 拟定实验方案，确定实验步骤和操作条件。

（二）组织实验

每次实验要求 3~4 人合作，因此实验时必须做好组织工作，既有分工，又有合作，既能保证实验质量，又能获得全面训练。每个组员都应各有专责（包括操作、读取数据及现场观察等），要在适当时间进行轮换。

（三）测取实验数据

1. 凡是影响实验结果或者数据整理过程中所必需的数据都必须测取。包括大气条件、设备有关尺寸、物料性质以及操作数据等。

2. 并不是所有数据都要直接测取，凡可以根据某一数据导出或从手册中查出的数据，不必直接测定。例如水的黏度、密度等物理性质，只要测出水温后即可查出。

（四）读取和记录实验数据

1. 实验前必须拟好记录表格，在表格中应记下各项物理量的名称、表示符号和单位。每个学生的实验记录本要保证数据完整，条理清楚，避免张冠李戴。

2. 实验时一定要在现象稳定后才能读数据，条件改变后，要等系统重新稳定后才能读取数据，因为仪表通常有滞后现象。

3. 同一条件下至少要读取两次数据（研究不稳定过程中的现象时除外），而且只有当两次读数相接近时才能改变操作条件，以便在另一条件下进行观测。

4. 每个数据记录后，应该立即复核，以免发生读错或写错数据等事故。

5. 数据记录必须真实地反映仪表的精确度，一般要记录至仪表上最小分度以下一位数。例如温度计的最小分度为 1℃，如果当时温度读数为 24.6℃，这时就不能记为 25℃，如果刚好是 25℃ 整，则应记为 25.0℃，而不能记为 25℃。一般记录数据中末位都是估计数字，如果记录为 25℃，它表示当时温度可能是 24℃，也可能是 26℃，或者说它的误差是 ±1℃，而 25.0℃ 则表示当时温度是介于 24.9~25.1℃ 之间，它的误差是 ±0.1℃；但是用上述温度计时也不能记为 24.58℃，因为它超出了所用温度计的精确度。

6. 记录数据要以当时的实际读数为准，例如规定的水温为 50.0℃，而读数时实际水温为 50.5℃，就应该记为 50.5℃，如果数据稳定不变，也应照常记录，不得空下不记。

7. 实验中如果出现不正常情况以及数据有明显误差时，应在备注栏中加以注明。

（五）实验过程注意事项

1. 必须密切注意仪表指示值的变动，随时调节，务必使整个操作过程都在规定条件下进行，尽量减少实验操作条件和规定操作条件之间的差距。操作人员不要擅离岗位。

2. 读取数据后，应立即和前次数据相比较，也要和其他有关数据相对照，分析相互关系是否合理。如果发现不合理的情况，分析原因，及时发现问题，解决问题。

3. 实验过程中还应该注意观察过程现象，特别是发现某些不正常现象时更应抓紧时机，分析产生不正常现象的原因。

（六）实验数据的整理

1. 同一条件下，如有几次比较稳定但稍有波动的数据，应取其平均值，不必逐个整理后取平均值。

2. 数据整理时应根据有效数字的运算规则，舍弃一些没有意义的数字。一个数据的精确度是由测量仪表本身的精确度所决定的，绝不能因为计算时位数增加而提高，但是任意减少位数是不允许的。

3. 数据整理时，如果过程比较复杂、实验数据又多，一般采用列表整理法，同时应将同一项目一次整理。

4. 要求以一次数据为例，把各项计算过程列出，以便检查。

5. 数据整理时也可以采用常数归纳法，将计算公式中的常数归纳作为一个常数看待，例如计算固定管路中由于流速改变后的雷诺准数的数值时，因为 $Re = du\rho/\mu$、$u = \dfrac{V}{\pi d^2/4}$，$Re = 4\rho V/\pi d\mu$，而 d, ρ, μ 在实验中均不变化，可作常数处理，令 $B = 4\rho/\pi d\mu$，则 $Re = BV$，计算时先求出 B 值，依次代入 V 值，即可求出相应的 Re 值，这样可以大大提高计算速度。

书网融合……

题库　　　　微课

第二章 化工原理实验研究方法及数据处理

PPT

　　1. 掌握绝对误差、相对误差、算术平均误差、均方根误差、示值误差的计算式；有效数字及运算法则。

　　2. 熟悉实验数据的测量和误差分析中的基本概念；直接实验法、因次分析法、数学模型法在化工原理实验研究中的应用。

　　3. 了解正交实验设计方法及相关术语。

　　4. 学会计算算术平均值、几何平均值、对数平均值和均方根平均值；能够分析误差产生的原因，判断误差的类型；能够依据实验数据用最适宜的方式表示出来。

　　5. 培养工程实验的严谨、细致的科学态度，建立化工原理实验研究的科学方法。

一、实验研究方法

（一）直接实验法

　　直接实验法即对被研究的对象进行直接的实验以获取其相关的参数及规律。用直接实验测定特定的工程问题所得的结果较为可靠，对于其他实验研究方法无法解决的工程问题是一种直接有效的方法。但这种方法也有很大的局限性，得出的只是个别参数之间的规律，不能反映对象的全部本质，这些实验结果只能用到特定的实验条件和实验设备上，或推广到实验条件完全相同的现象。另外实验工作量大，耗时费力，有时需要较高的投资。

（二）因次分析法

以湍流时的摩擦系数（因次分析规划实验法）为例。

1. 问题的提出　　湍流时内摩擦应力可仿牛顿黏性定律写出

$$\tau = (\mu + e)\frac{\mathrm{d}u}{\mathrm{d}y} \qquad (2-1)$$

　　由于湍流时影响因素的复杂性，湍流阻力难以通过数学方程式直接求解，须通过实验建立经验关联式。借助因次分析方法规则组织实验，以减少实验工作量，并使实验结果整理成便于推广应用的经验关联式。

2. 因次分析的基础——因次一致原则和 Π 定理

　　（1）因次一致的原则　　凡是根据基本物理规律导出的物理方程中各项的因次必相同。如以等加速度 a 运动的物体，在 θ 时间内所走过的距离 l 可用式（2-2）表示，即

$$l = u_0\theta + \frac{1}{2}a\theta^2 \qquad (2-2)$$

式中，l，在 θ 时间内物体所走过的距离，m；u_0，物体的初速度，m/s；a，物体的加速度，m/s^2。以上各项均为长度因次。把各物理量的量纲代入式（2-2）中，则两端的量纲可用式（2-3）表示。

$$L = (LT^{-1})T + (LT^{-2})T^2 \tag{2-3}$$

（2）白金汉 Ⅱ 定理 任何因次一致的物理方程均可表达成一组无因次数群的零函数，即

$$\frac{u_0\theta}{l} + \frac{a\theta^2}{2l} - 1 = 0 \tag{2-4}$$

无因次数群的数目 i，等于影响该现象物理量数目 n 减去用以表示这些物理量的基本因次数目 m，即

$$i = n - m \tag{2-5}$$

由于式（2-2）中的物理数目 $n=4$，即 l、u、a、θ；基本因次数目 $m=2$，即 l、θ，所以无因次数群数目 $i=4-2=2$，即 $\dfrac{u_0\theta}{l}$ 及 $\dfrac{a\theta^2}{2l}$。

3. 实验研究的基本步骤 若过程比较复杂，仅知道影响某一过程的物理量，而不能列出该过程的微分方程，则常采用雷莱（Lord Rylegh）指数法，将影响该过程的因素组成为无因次数群。下面以湍流时流动阻力问题为例说明雷莱指数法的用法和步骤。

（1）析因实验——寻找影响过程的主要因素 对所研究的过程进行初步试验的综合分析，尽可能准确地列出主要影响因素。

如对湍流阻力所引起的压强降 Δp_f 的影响因素有以下几项。

流体性质：ρ，μ

设备几何尺寸：d，l，$\dfrac{\varepsilon}{d}$

流动条件：主要为流速 u

待求的一般不定函数关系式为

$$\Delta p_f = f(d, l, u, \rho, \mu, \varepsilon) \tag{2-6}$$

也可用幂函数来表示即

$$\Delta p_f = K d^a l^b u^c \rho^j \mu^k \varepsilon^q \tag{2-7}$$

（2）因次分析法规划实验——减少实验工作量

式（2-7）中的 K，a，b，c…等均为待定值，各物理量的因次为

$$[p] = M\theta^{-2}L^{-1}, [d] = [l] = [\varepsilon] = L, [\rho] = ML^{-3}, [\mu] = L\theta^{-1}, [\mu] = ML^{-1}\theta^{-1}$$

把各物理量的因次代入式（2-7）并整理得到

$$M\theta^{-2}L^{-1} = KM^{j+k}\theta^{-c-k}L^{a+b+c-3j-k+q} \tag{2-8}$$

根据因次一致原则，两侧各基本量因次的指数应相等，即

对于因次 M $1 = j + k$

对于因次 θ $-2 = -c - k$

对于因次 L $-1 = a + b + c - 3j - k + q$

将 b、k、q 表示为 a、c 及 j 的函数，则可解得：$a = -b - k - q, c = 2 - k, j = 1 - k$。

于是式（2-7）变为

$$\Delta p_f = K u^{2-k} \mu^k \rho^{1-k} l^b d^{-b-k-q} \varepsilon^q \tag{2-9}$$

把指数相同的物理量合并在一起，便得到无因次数群的关系式，即

$$\frac{\Delta p_f}{\Delta \rho u^2} = K \left(\frac{l}{d}\right)^b \left(\frac{du\rho}{\mu}\right)^{-k} \left(\frac{\varepsilon}{d}\right)^q \tag{2-10}$$

式中，$\dfrac{\Delta p_f}{\rho u^2}$ 称为欧拉准数，以 E_u 表示；$\dfrac{du\rho}{\mu}$ 即 Re 准数；$\dfrac{\varepsilon}{d}$ 为相对粗糙度。

（3）实验数据处理与待定数的确定

将式（2－10）改写为

$$E_u = f\left(\frac{l}{d}, Re, \frac{\varepsilon}{d}\right) \tag{2－11}$$

在式（2－11）中；Δp_f 和 l 分别出现于 E_u 和 $\dfrac{l}{d}$ 中，因此 E_u 必与 $\dfrac{l}{d}$ 呈正比，与范宁公式相比较得：

$\lambda = 2K\left(\dfrac{du\rho}{\mu}\right)^{-k}\left(\dfrac{\varepsilon}{d}\right)^{q}$，即

$$\lambda = f\left(Re, \frac{\varepsilon}{d}\right) \tag{2－12}$$

（4）因次分析方法的评价

① 因次分析法只是从物理的量纲着手，即把以物理量表达的一般函数式演变为以量纲为 1 的数群表达的函数式。它并不能说明一个物理现象中的各影响因素之间的关系。在组合数群之前，必须通过一定的实验，对所要解决的问题作一番详尽的考察，定出与所研究对象有关的物理量。如果遗漏了必要的物理量，或把不相干的物理量列进去，都会导致错误的结论，所以量纲分析法的运用，必须与实践密切结合，才能得到有实际意义的结果。

② 经过因次分析得到量纲为 1 的数群的函数式后，具体函数关系中的系数与指数仍需通过实验才能确定。

（三）数学模型法

1. 基本原理　数学模型方法是将化工过程各变量之间的关系用一个（或一组）数学方程式来表示，通过对方程的求解可以获得所需的设计或操作参数。

按数学模型的由来，可将其分为机制模型和经验模型两大类。前者从过程机制推导得出，后者由经验数据归纳而成。习惯上，一般称前者为解析公式，后者为经验关联式。如流体力学中的泊肃叶（Poiseuille）公式，$\Delta P = 32\mu Lu/d^2$，即为流体在圆管中作层流流动的解析公式；而流体在圆管中湍流时摩擦系数的表达式 $\dfrac{1}{\sqrt{\lambda}} = 1.74 - 2\lg\dfrac{2\varepsilon}{d}$，则为经验关联式。化学工程中应用的数学模型大都介于两者之间，即所谓的半经验半理论模型。本节所讨论的数学模型，主要指这种模型。机制模型是过程本质的反映，因此结果可以外推；而经验模型（关联式）来源于有限范围内实验数据的拟合，不宜于外推，尤其不宜于大幅度外推。在条件可能时尽量建立机制模型。但由于化工过程一般都很复杂，再加上观测手段的不足，描述方法的有限，要完全掌握过程机制几乎是不可能的。这时需要提出一些假设，忽略一些影响因素，把实际过程简化为某种物理模型，通过对物理模型的数学描述建立过程的数学模型。

实际上，在解决工程问题时一般只要求数学模型满足有限的目的，而不是盲目追求模型的普遍性。因此，只要在一定的意义下模型与实际过程等效而不过于失真，该模型就是成功的。这就允许在建立数学模型时抓住过程的本质特征，忽略一些次要因素的影响，从而使问题简化。过程的简化是建立数学模型的一个重要步骤，唯有简化才能解决复杂过程与有限手段和方法的矛盾。科学的简化如同科学的抽象一样，更能深刻地反映过程的本质。从这一意义上说，建立过程的数学模型就是建立过程的简化物理图像的数学方程式。在过程的简化中，一般遵循下述原则。

（1）过程的本质特征和重要变量得以反映。

（2）应能适应现有的实验条件和数学手段，使得能够对模型进行检验，对参数进行估值。

（3）应能满足应用的需要。

一般地，所建立的数学模型含有若干模型参数，例如对代数模型

$$y = f(x_1, x_2, \cdots, x_n; b_1, b_2, \cdots, b_m) \tag{2-13}$$

式中，x 为自变量，即过程输入量；b 为模型参数。

模型参数除极个别情况下可根据过程机制得到外，一般均为过程未知因素的综合反映，需通过实验确定。在建立模型的过程中要尽可能减少参数的数目，特别是要减少不能独立测定的参数，否则实验测定不易准确，参数估值困难，外推时误差可能很大。

2. 建立数学模型的一般步骤

（1）对过程进行观测研究，概述过程的特征　根据有关基础理论知识对过程进行理性的分析。一是分析过程的物理本质，研究过程的特征；二是分析过程的影响因素，弄清哪些是重要变量必须考虑，哪些是次要变量可以一般考虑或者忽略。如有必要辅之以少量的实验，加深对过程机制的认识和考虑变量的影响。变量分析可依第一节所介绍的方法，按物性变量、设备特征尺寸变量和操作变量三类找出所有变量。在此基础上，对过程物理本质做出高度概括。

（2）抓住过程特征作适当简化，建立过程物理模型　寻求对过程进行简化的基本思路是研究过程的特殊性，亦即过程物理本质的特征，然后做出适当假设，使过程得以简化，这是建立物理模型乃至数学模型关键也是最困难的环节。要做到简化而不失真，既要有对过程的深刻理解，也要有一定的工程经验。所谓物理模型就是简化后过程的物理图像。所建立的物理模型必须要与实际过程等效，并且能够用现有的数学方法进行描述。

（3）根据物理模型建立数学方程式（组），即数学模型　用适当的数学方法对物理模型进行描述，即得到数学模型。数学模型是一个或一组数学方程式。对于稳态过程，数学模型是一个（组）代数方程式；对动态过程则是微分方程式（组）。对化工单元过程，所采用的数学关系式有以下几种：①物料衡算方程；②能量衡算方程；③过程特征方程（如相平衡方程、过程速率方程、溶解度方程等）；④与过程相关的约束方程。

（4）组织实验、参数估值、检验并修正模型　模型中的参数须通过实验数据的拟合而确定，由此看出，在数学模型方法中，实验目的不是为了直接寻求各变量之间的关系，而是通过少量的实验数据确定模型中的参数。

所建立的数学模型是否与实际过程等效，所作的简化是否合理，这些都需要通过实验加以验证。检验的方法有二：一是从应用的目的出发可从模型计算结果与实验数据（亦是工程应用范围）的吻合程度加以评判；二是适当外延，看模型预测结果与实验数据的吻合是否良好。如果两者偏离较大，超出工程应用允许的误差范围，须对模型进行修正。

二、实验数据的测量与误差分析

（一）真值与平均值

1. 真值　真值（又称真实值）是指某物理量客观存在的确定值，它通常是未知的。由于测量时所使用的测量仪器、测量方法以及环境、人的观察力、测量程序等方面的原因，实验误差很难避免，所以真值是无法测得的。根据正负误差出现概率相等的规律，当实验次数无限多时，测量结果的平均值可以无限逼近于真值。但是，测量次数总是有限的，由此求出的平均值只能近似于真值，称此平均值为最佳

值。计算时可将此最佳值作为真值使用，在实际应用过程中，有时也把高一级精度测量仪器的测量值作为真值使用。

2. 平均值   在工程计算中常将测量的平均值作为真值，但是化工过程中所研究的问题不同，平均值的定义不同。化工中常用的平均值有以下几种。

（1）算术平均值   在工程计算中，算术平均值最常用。设 x_1，x_2，x_3，$\cdots$，x_n 代表各次测量的测量值，其中 n 为测量次数，x_i 为第 i 次的测量值，则算术平均值的表达式为

$$\bar{x} = \frac{x_1 + x_2 + \cdots + x_n}{n} = \frac{\sum_{i=1}^{n} x_i}{n} \tag{2-14}$$

用最小二乘法的原理可以证明，在测定中当测量值的误差服从正态分布时，则在同一等级精度的测量中，算术平均值为最佳值或最可信赖值。

（2）几何平均值   在工程计算中几何平均值也经常用到。其表达式为

$$\bar{x} = (x_1 \cdot x_2 \cdot \cdots \cdot x_n)^{1/n} \tag{2-15}$$

以对数形式表示为

$$\lg \bar{x} = \frac{\sum_{i=1}^{n} \lg x_i}{n} \tag{2-16}$$

当将一组测量值取对数，所得图形的分布呈对称形时，常用几何平均值表示。可以看出，几何平均值的对数等于这些测量值的对数的算术平均值，几何平均值常小于算术平均值。

（3）对数平均值   在化学反应过程、三传过程中，许多物理量的变化分布曲线常具有对数特性，此时采用对数平均值才符合实际情况。

对数平均值的表达式为

$$\bar{x} = \frac{x_2 - x_1}{\ln x_2 - \ln x_1} = \frac{x_2 - x_1}{\ln (x_2/x_1)} \tag{2-17}$$

对数平均值总小于算术平均值，当 $x_2 > x_1$，且 $x_2/x_1 < 2$ 时，可以用算术平均值代替对数平均值，所引起的误差不超过 4%。这在工程计算中是允许的。

（4）均方根平均值   均方根平均值多用于计算气体的分子平均动能，其表达式为：

$$\bar{x} = \sqrt{\frac{x_1^2 + x_2^2 + \cdots + x_n^2}{n}} = \sqrt{\frac{\sum_{i=1}^{n} x_i^2}{n}} \tag{2-18}$$

应当指出，在化工过程及化工实验研究中，数据的分布大多属于正态分布，所以常采用算术平均值。

（二）误差的基本概念

误差通常是指测量值与真值之差，而偏差是指测量值与平均值之差。当测量次数足够多时，误差与偏差很接近，所以通常将二者混用。根据误差产生的原因及性质，可将误差分为系统误差、偶然误差和过失误差三类。

1. 系统误差   系统误差是由某些固定的原因造成的，它具有单向性，即在相同的条件下进行多次测量时，其正负、大小都有一定的规律性；或者是随着条件的改变而有规律的变化。引起系统误差的原因主要有以下几种。

（1）测量仪器、设备方面的因素   如由于仪器设计、制造上存在的某些缺陷，安装不合乎要求或未经核准而使用等引起的误差。

（2）测量方法方面的影响因素　如由于使用近似的测量方法或使用近似的计算公式而引起的误差。

（3）测量环境方面的因素　如由于环境温度、压力、湿度、振动等引起的测量误差。

（4）测量者的因素　如由于测量者读数等某些习惯上的偏向等引起的误差。

（5）过程滞后的因素　如在动态过程的测量中，由于过程的滞后因素，测量时并未达到平衡或稳定的状态而引起的误差。

尽管系统误差的影响因素很多，但具有一定的规律性，一般情况下只要根据产生误差的原因采取适当的措施进行修正，就可以消除系统误差。

2. 偶然误差　偶然误差又称随机误差，它是由某些意想不到的因素或难以控制的因素引起的。其主要表现为：在相同的条件下进行测量时，其误差值无固定的规律可循。它不同于系统误差，不能从系统中消除。但是，它的出现服从统计规律，测量误差与测定次数有关，随着测量次数的增加，误差有正负抵消的可能。因此，多次测量值的算术平均值将逼近于真值。可采用统计概率的方法对偶然误差进行研究。

3. 过失误差　过失误差主要是由测量人员在测量过程中粗心大意或操作不当引起的，它是明显与实际不符的误差。其消除要靠测量人员严肃认真的工作态度和细致的校对工作来避免。对这种误差，可通过某些原则加以判断，在处理数据时进行取舍。

综上所述，系统误差和过失误差是可以消除的。如在使用前应对仪器、设备进行校正，读数时要待过程稳定等。而偶然误差是不易消除的，这种误差是误差理论的主要研究对象。

（三）误差的表示方法

前面所述误差的概念，不能说明测量值与真值的近似程度。如工人甲平均每生产 100 个零件有 1 个次品，而工人乙平均每生产 500 个零件有 1 个次品。他们的次品虽然都是 1 个，但显然乙的技术要比甲的高，这就启发我们不但要看次品的数量，还要注意到产品的次品率。显然甲的次品率是 1%，而乙的次品率是 0.2%。因此，误差有多种表示方法，要依据具体情况使用相应的误差表示方法。

1. 绝对误差　绝对误差是近似值（测量值）与真值之间的差值。

设测量值为 x，真值为 X，绝对误差为 e，则有

$$e = |x - X| \tag{2-19}$$

即

$$x - X = \pm e \tag{2-20}$$

或

$$x - e \leqslant X \leqslant x + e \tag{2-21}$$

由于在一般情况下真值 X 是未知的，所以误差 e 的绝对值也不能求出，但根据测量或计算的实际情况，可事先估计出误差的绝对值不能超过某一个正数 ε，我们称 ε 为误差绝对值的上限或最大误差，又记为 ε_{max}。此时，真值 X 符合

$$x_1 = \bar{x} + \varepsilon_{max} > X > \bar{x} - \varepsilon_{max} = x_2 \tag{2-22}$$

$$\bar{x} = (x_1 + x_2)/2 \tag{2-23}$$

$$\varepsilon_{max} = (x_1 - x_2)/2 \tag{2-24}$$

式中，x_1，测量的最大值；x_2，测量的最小值；$\bar{x}$，两次测量值的算术平均值。

也就是说，数 $\bar{x}$ 是误差为 ε_{max} 的数 X 的近似值。

2. 相对误差　由于绝对误差不能全面地反映测量值与真值的近似程度，所以引入相对误差。表达式为绝对误差（算术平均误差）与真值的绝对值之比。

$$e_r = \frac{e}{\bar{x}} = \frac{x - \bar{x}}{\bar{x}} \tag{2-25}$$

式中，e_r，相对误差。

一般情况下，真值是未知的，可以用多次测量的近似值（平均值）来代替。

3. 算术平均误差 δ　算术平均误差的表达式为

$$\delta = \frac{\sum_{i=1}^{n} |x_i - \bar{x}|}{n} \qquad (2-26)$$

式中，δ，算术平均误差；x_i，第 i 次的测量值；$\bar{x}$，n 次测量值的平均值（近似值）；n，测量次数。

式（2-26）中必须取绝对值，否则 $\sum_{i=1}^{n} |x_i - \bar{x}| \equiv 0$。

算术平均误差的缺点是无法表示出各组测量之间彼此符合的情况。因为在一组测量值很接近（各次测量的误差接近）的情况下所得的算术平均误差，可能与另一组测量值中测量误差有大、有小，所得的算术平均误差相同。

4. 均方根误差 σ　均方根误差又称标准误差，它不仅与一组测量值中的每一个数据有关，而且对一组测量值中较大误差和较小误差的敏感性很强。当测量次数为无穷多时，其表达式为

$$\sigma = \sqrt{\frac{\sum_{i=1}^{n} (x_i - X)^2}{n}} \qquad (2-27)$$

当测量次数有限时，真值 X 可用平均值 $\bar{x}$ 代替，此时，均方根误差可用式（2-28）计算。

$$\sigma = \sqrt{\frac{\sum_{i=1}^{n} (x_i - \bar{x})^2}{n-1}} \qquad (2-28)$$

算术平均值相同的两组测量值，其均方根误差也会不同，它能反映出一组测量值的离散程度。因而这种误差广泛用于化学工程的实验数据处理过程。

5. 示值误差　对于仪器或仪表的测量误差可以用示值误差和最大静态测量误差来表示。

对于指针式或标尺式的测量仪表，研究人员可用肉眼观测至仪表最小分度的 1/5 数值。因此一般以仪表最小分度的 1/5 或 1/10 作为示值误差。

最大静态测量误差是以仪表精度与最大量程的乘积来表示。我国电工仪表的准确度等级（p 级）有七种：0.1、0.2、0.5、1.0、1.5、2.5、5.0。一般来说，如果仪表的准确度等级为 p 级，则说明仪表最大静态测量误差不会超过 p%，而不能认为它在各刻度点上的示值误差都具有 p% 的准确度。

例 2-1　压力表的精度为 1.5 级，量程为 0.4MPa，最小指示分度为 10kPa，欲用该表测定气体压力，试估计测量误差。

解：该仪表最小指示分度为 10kPa，实验观测读数可估计至最小分度的 1/5，因此实验的示值误差为

$$\Delta p_1 = 10 \times (1/5) = 2\text{kPa}$$

最大静态测量误差

$$\Delta p_2 = (0.4 - 0) \times 10^3 \times (1.5/100) = 6\text{kPa}$$

在对实验观测数据做误差分析时，通常取较大的误差值。因此，该压力表的最大测量误差约为 6kPa。

例 2-2　涡轮流量计的量程为 1.6~10m³/h，精度为 0.5 级，二次仪表采用频率显示仪表，精度为

0.5 级，试估计该流量计的最大测量误差。

解：$\Delta q_v = (10-1.6) \times [(1+0.5/100) \times (1+0.5/100)-1] = 0.0842 m^3/h$

该系统仪表的最大测量误差约为 $0.0842 m^3/h$。

（四）精密度、正确度及准确度

在测量时，可以用误差表示数据的可靠性，也可以用精密度（简称为精度）等概念来表示。习惯上，所讲的精密度，通常是指误差。这种误差的来源、性质一般可用以下概念来描述。

1. 精密度 精密度是对某物理量进行几次平行测定的测量值相互接近的程度，即重现性。它反映了偶然误差的影响程度，偶然误差越小则精密度越高。如果纯由偶然误差引起的实验的相对误差为 0.1%，则可认为精密度为 10^{-3}。

2. 正确度 正确度是指在一定的测量条件下，没有偶然误差的影响，测量值与真值的符合程度，是测量中所有系统误差的综合。它反映了所有系统误差对测量值的影响，系统误差愈小则正确度愈高。如果纯由系统误差引起的实验相对误差为 0.1%，则可认为其正确度为 10^{-3}。

3. 准确度 准确度是指在测量过程中，测量值与真值之间的符合程度，是所有偶然误差及系统误差的综合。它反映偶然误差及系统误差对测量值的影响程度，准确度越高则表示系统误差及偶然误差越小。也可以说准确度表示的是测量值与真值之间的符合程度。如果由偶然误差及系统误差引起的测量的相对误差为 0.1%，则测量值的准确度为 10^{-3}。

对于实验或测量而言，精密度好，并非表示正确度一定好，反之亦然。但是准确度好则必须是精密度和正确度都好。图 2-1 中，（a）说明测量结果与真值接近，系统误差与偶然误差均小，准确度好；（b）说明精密度高，偶然误差小，但系统误差大；（c）说明偶然误差大，但系统误差较小，即精密度低而正确度较高。

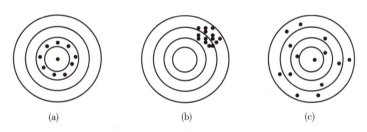

(a)　　　　　　(b)　　　　　　(c)

图 2-1　准确度、精密度及正确度示意图

三、有效数字及运算法则

（一）有效数字

在记录测量数据以及对测量数据进行计算时，确定测量数据及计算结果的有效数字的位数是很重要的。测量值有效数字的位数，应正确反映所使用测量仪器和测量方法所能达到的精度。如一支量程 0～100℃的温度计，其最小刻度为 0.1℃，当读数为 50.25℃ 时，有效数字是 4 位；若指示液面正好位于 50.2℃时，应记为 50.20℃，其有效数字也为 4 位。这里所记录的最后一位数字是估计的，称为可疑数字，而前 3 位数字是从刻度上直接读出的，称为可靠数字。可靠数字比有效数字少 1 位。即记录数据时，有效数字应保留 1 位可疑数字。如上面提到的 50.20℃，可疑数字表示该位上有 ±1 个单位或下一位有 ±5 个单位的读数误差。

一个数据中，除定位用的"0"外，其他数字都是有效数字（包括 1 至 9 以及它们中间的"0"和四舍五入后保留下来的数字"0"）。也就是说，数字"0"在前面不是有效数字，在后面用于定位的也不是有效数字。例如：长度为 0.00234m，前面的 3 个"0"不是有效数字，这与所用的单位有关。若以 mm 为单位，则为 2.34mm，其有效数字是 3 位。那么长度 360000cm 的有效数字是几位呢？若后面的 3 个"0"是用来定位的，则都不是有效数字，其有效数字为 3 位。为了能明确表示数据的有效数字位数，工程上常用一种科学的记数法，如上面的读数应写成 3.60×10^5cm。这种记数法的特点是小数点前总是一个非"0"的数字，"×"前面的数字都是有效数字。这样，有效数字的位数就一目了然了。如 0.000356 记为 3.56×10^{-4}，其有效数字为 3 位。

（二）运算法则

在实验数据处理过程中，常常会遇到不同精度的数据一同运算，这时需按一定的法则进行运算，这不仅可以保证数据的有效数字位数，而且还可以避免由运算过于繁琐而引起的误差。

1. 四舍六入五留奇　当有效数字位数确定后，其余数字应一律舍去。目前多采用"四舍六入五留奇"或"四舍六入五变偶"规则对数字进行修约。即当末位有效数字之后第一位数字小于 5 时，舍去不计，大于 5 时，有效数字末位加 1；等于 5 时，末位有效数字为奇数时，则末位有效数字加 1 变为偶数，如末位有效数字为偶数则舍去。

如：1.25676 有 4 位有效数字时记为 1.257；

　　1.26556 有 4 位有效数字时记为 1.266；

　　1.26556 有 3 位有效数字时记为 1.26。

2. 加减运算法则　在加减运算过程中，所得计算结果的小数点后位数，应与各加减数中小数点后的位数最少的那个数相同。例如：

$$134 + 58.6 + 0.258 + 0.0258 = 192.8839$$

$$= 193（与 134 小数点后的位数相同）$$

又如：$13.45 + 1.345 + 0.007345 = 14.802345$

$$= 14.80（与 13.45 小数点后的位数相同）$$

实际计算时，为了简化起见，可以在进行加减计算之前就将各数据进行修约，舍去没有意义的数字。具体原则是，使加减数据中各数据的小数点后的位数与最少位数者相同。如上面的例子可以作下面的简化运算。

$$134 + 58.6 + 0.258 + 0.0258 = 134 + 59 + 0 + 0（与 134 小数点后的位数相同）$$

$$= 193$$

又如：

$$13.45 + 1.345 + 0.007345 = 13.45 + 1.34 + 0.01（与 13.45 小数点后的位数相同）$$

$$= 14.80$$

3. 乘除运算法则　在乘除法运算中，所得计算结果的有效数字位数，应与各数据中最少的有效数字的位数相同，而与小数点的位置无关。例如：

$$0.0121 \times 25.64 \times 1.05782 = 0.3281823$$

$$= 0.328$$

此处以有效数字位数最少的 0.0121 为准。

在计算中，也可以以有效数字位数最少的数据为准，先将各数据的有效数字进行简化，而后进行乘除计算。如上面的例子也可进行以下运算。

$$0.0121 \times 25.64 \times 1.05782 = 0.0121 \times 25.6 \times 1.06$$
$$= 0.328$$

此处先以有效数字位数最少的 0.0121 为准，对各个数据进行简化，而后再进行计算。

4. 常数的有效数字　对于常数 g、π、e 及某些因子 $1/3$、$\sqrt{2}$、$\sqrt{3}$ 等的有效数字，可认为是无限的，需要几位就写几位。

5. 平均值的计算　若对 4 个或超过 4 个数据进行平均值计算时，则平均值的有效数字可增加一位。

6. 精度（或误差）的表示　在表示精度（或误差）时，一般只取 1~2 位有效数字，过多的位数已失去意义。如误差为 0.01384，可写为 0.014。由于误差是用来表征数据结果的准确程度的，并提供必要的保险，所以适用于在误差值截断后末位进 1，以使误差大一些，而无须考虑通常的"四舍五入"原则。如：

0.2412×10^{-8} 可记为 0.25×10^{-8}。

当然，这种方法是对最终表达误差而言的。

7. 测量结果及实验数据的表达　在表达测量及实验数据时，其最少位数应与保留的误差的位数对齐并取舍，其取舍应按"四舍六入五留奇"的原则进行。举例如下。

数据为：1.83549　　误差为：0.014　　则记为：1.835

数据为：6.3250×10^{-6}　　误差为：0.25×10^{-6}　　则记为：6.32×10^{-6}

数据为：7.3855×10^{5}　　误差为：0.048×10^{5}　　则记为：7.386×10^{5}

四、实验数据处理方法

实验数据的处理，就是把所测得的一系列实验数据用最适宜的方式表示出来，在化学工程实验中，有如下三种表达方式。

（一）列表法

将实验直接测定的一组数据，或根据测量值计算得到的一组数据，按照其自变量和因变量的关系以一定的顺序列出数据表，即为列表法。在拟定记录表格时应注意下列问题。

1. 变量单位应在名称栏中标明，不要和数据写在一起。

2. 同一直列的数字，数据必须真实地反映仪表的精确度。即数字写法应注意有效数字的位数，每行之间的小数点对齐。

3. 对于数量级很大或很小的数，在名称栏中乘以适当的倍数。例如 Re=25000，用科学计数法表示为，Re=2.5×10^{4}。列表时，项目名称写为：Re×10^{4}，数据表中数字则写为 2.5。这种情况在化工数据表中经常遇到。

4. 整理数据时，应尽可能将一些计算中始终不变的物理量归纳为常数，避免重复计算。

5. 在记录表格下边，要求附以计算示例，表明各项之间的关系，以便于阅读或进行校核。

6. 为便于对实验中出现的特殊情况进行说明，在表格中应加上备注一栏。

以流体流动阻力实验为例，做以介绍。

（1）实验数据记录表（表2-1）

表2-1　实验数据记录表

实验日期：　　　　实验人员：　　　　学号：　　　　温度：　　　　装置号：
直管基本参数：　　光滑管径：　　　　　　粗糙管径：　　　　　　局部阻力管径：

序号	流量/(m³/h)	光滑管/mmH₂O			粗糙管/mmH₂O			局部阻力/mmH₂O		
		左	右	压差	左	右	压差	左	右	压差

（2）实验数据处理表（表2-2）

表2-2　实验数据处理表

序号	流量/(m³/s)	u/(m/s)	$Re \times 10^4$	H_f 光/mmH₂O	λ	H_f 粗/mmH₂O	ξ
1							
2							

（二）图示法

列表法表示实验结果虽具有简单明了的优点，但在大多数情况下，为便于观察某两个实验参数之间的关系，需要将实验结果标绘在坐标纸上，以图形表示出来。用图形表示，可以明显地看出数据的变化规律和趋势，有利于分析讨论问题；利用图形表示还有助于选择经验式的函数形式或求出经验式常数、系数等。因此，用图形法表示实验数据，在实验数据的处理中也是十分重要的。

1. 坐标纸的选择　在处理化工实验数据时，除常使用普通的直角坐标纸外，还经常使用单对数或双对数坐标纸。在选用坐标纸时应根据实验数据之间的关系和特点，选用其中一种。

（1）根据数据之间的关系和图形选用坐标纸　所选用的坐标纸应使由数据标绘出的线为直线形式。

线形函数：$y = a + bx$　　　　　　　　　　　　　（直角坐标纸）

幂函数：$y = ax^b$　或　$\lg y = \lg a + b \lg x$　　（双对数坐标纸）

指数函数：$y = ae^{bx}$　或　$\lg y = \lg a + 0.4343bx$　（单对数坐标纸）

直角坐标如图2-2所示，双对数坐标如图2-3所示。

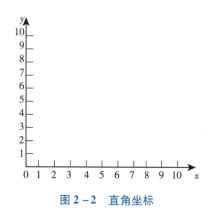

图2-2　直角坐标

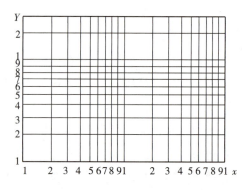

图2-3　双对数坐标

（2）根据实验数据的变化大小选择坐标纸　如果实验数据中的两个变量的数量级变化范围都很大，一般可选用双对数坐标纸来标绘。如果其中一个变量的数量级变化很大，而另一变量变化不大，一般使用单对数坐标纸来标绘，例如：直管内流体摩擦阻力系数 λ 与雷诺准数 Re 的关系，在实验中的变化范围为：$Re=10^2 \sim 10^8$，$\lambda=0.008 \sim 0.10$，两个变量的数量级都变化很大，所以用双对数坐标纸来标绘最好。同时，也可以将层流区的 Re 与 λ 成指数的关系转化成直线关系，即对 Re 和 λ 分别取对数，以 lgRe 对 lgλ，在直角坐标纸上作图。而在流量计校核实验中，其 $Re=5 \times (10^3 \sim 10^6)$。$Co=0.60 \sim 0.85$，其 Re 变化范围很大，而 Co 的变化范围很小，所以选用单对数坐标纸作图为佳。

2. 坐标纸的使用　为使所得到的实验结果在坐标纸上很好地表示出来，并能明显地反映两变量之间的关系和变化趋势，在使用坐标纸时应注意以下几点。

（1）应选适当大小的坐标纸标绘实验数据，使其能充分地表现实验数据的大小和范围。

（2）根据坐标纸的使用习惯，取横轴为自变量，纵轴为因变量，并按使用要求标明各轴代表的物理量和单位。

（3）根据被标绘实验数据的大小和范围，对坐标轴进行合理的分布，即合理选择坐标轴上每刻度代表的数值大小。一般的分度原则是，坐标轴上的最小刻度能反映出实验数据的有效数字。分度后，在主要刻度上应标出便于阅读的数字。

（4）坐标原点的选择。选择合理的坐标原点，应使所标绘出的线合理地分布在坐标纸上，对普通直角坐标，坐标原点不一定从零开始，可以从被标绘的数据中选择最小的数据，使原点移到适当的位置。而对对数坐标，刻度是以 1、2、3、…、10 的对数值大小来划分的，每刻度仍标记原数据，不能再分度，当用坐标表示不同大小的数据时，可以将各值乘以 10^n（n 取正、负整数）。所以，其分度要遵循对数坐标的规律，不能随意分度。因此，对数坐标轴的原点，只能取对数坐标轴上的值，而不能随意确定。

（5）坐标轴的比例关系。坐标轴的比例关系是指横坐标和纵坐标轴上每刻度与所表示的实际数的大小之间的关系。一般来说，正确地选用坐标轴的比例关系，有助于判别两个变量之间的函数关系。如标绘层流区流体摩擦阻力系数的关系式 $\lambda=64/Re$，以 λ 对 Re 作图，在等比轴双对数坐标纸上是一条斜率为 -1 的直线，容易看出 λ 与 Re 的指数关系为负一次方。若用不等比轴单对数坐标纸来标绘，亦标绘出一直线，但斜率不一定为 -1，不易看出 λ 与 Re 的函数关系。一般市面上所出售的双对数坐标纸都是等比轴的。

3. 实验数据的标绘和描绘　将实验数据或处理过的数据，根据自变量和因变量的关系，逐点标绘在坐标纸上，在同一张坐标纸上如标绘不同组的数据点，应以不同符号加以区别，如用圆圈○、三角△、方块□、叉号×等。标绘出点之后，根据数据点的分布情况描绘出一条光滑的曲线或直线。所描绘出的线应通过或接近最多的数据点，离线太远的个别点可以剔除。作图时应认真仔细地以曲线板或直尺画线，不能徒手勾画。

4. 坐标的分度　坐标分度是按每条坐标轴所能代表的物理量的大小来定的，也就是坐标轴的比例尺。坐标分度的选择，应该使得每一个数据点在坐标系上的位置能方便找到，以便在图上读出数据点的坐标值。

坐标分度的确定方法如下。

（1）在已知 x 和 y 的测量误差分别为 Δx 和 Δy 时，分度的选择方法通常为：使得 $2\Delta x$ 和 $2\Delta y$ 构成的矩形近似为正方形，并使得 $2\Delta x=2\Delta y=2mm$，求得坐标比例常数 M。

x 轴的比例常数为：$M_x=2/2\Delta x=1/\Delta x$（mm 物理单位）

y 轴的比例常数为：$M_y=2/2\Delta y=1/\Delta y$（mm 物理单位）

（2）在测量数据的误差未知的情况下，坐标轴的分度要与实验数据的有效数字位数相同，并且要方便阅读。

在通常情况下，确定坐标轴的分度时，既要保证不会因为比例常数过大而降低实验数据的准确度，又要避免因比例常数过小而造成图中数据点分布异常的假象，即坐标的比例尺选择不当，会使图形失真。所以建议选取坐标轴的比例常数 $M = (1、2、5) \times 10^{\pm n}$（$n$ 为整数），不使用 3、6、7、8 等的比例常数，因为在数据绘图时比较麻烦，容易导致错误。另外，如果根据数据 x 和 y 的绝对误差 Δx 和 Δy 求出的坐标比例常数 M 不恰好等于 M 的推荐值，可选用稍小的推荐值，将图适当地画大一些，以保证数据的准确度不因作图而降低。例如，某组实验数据示例于表 2-3。

表 2-3　某次实验数据

X	1.0	2.0	3.0	4.0
y	8.0	8.2	8.3	8.0

如图 2-4 所示，失真的原因是没有考虑测量误差。若考虑测量误差，设 $\Delta x = \pm 0.05$ mm，$\Delta y = \pm 0.2$ mm，则 (x, y) 位于底边为 $2\Delta x$、高为 $2\Delta y$ 的矩形内，两种比例尺的图形都是一条曲线，如图 2-5 所示。

设 $\Delta x = \pm 0.05$，$\Delta y = \pm 0.04$，则它们都是在 $x = 3$ 时，y 具有最大值，如图 2-6 所示。

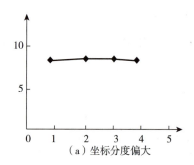
（a）坐标分度偏大

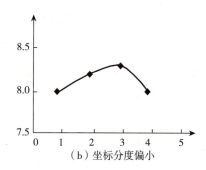
（b）坐标分度偏小

图 2-4　不同坐标分度绘制的图形

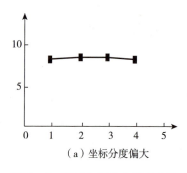
（a）坐标分度偏大

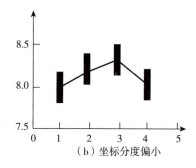
（b）坐标分度偏小

图 2-5　不同坐标分度绘制的图形（测量误差 $\Delta x = \pm 0.05$ mm，$\Delta y = \pm 0.2$ mm）

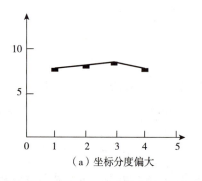
（a）坐标分度偏大

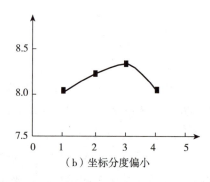
（b）坐标分度偏小

图 2-6　不同坐标分度绘制的图形（测量误差 $\Delta x = \pm 0.05$ mm，$\Delta y = \pm 0.04$ mm）

只要考虑了测量误差，选择不同的坐标比例尺都能得到同样的函数关系。但从上面的图形看出，比例太小，矩形太扁，而比例太大，矩形太长，这些矩形都不能作为光滑的曲线的"点"。为了得到理想的图形，应该选择适当的比例尺。

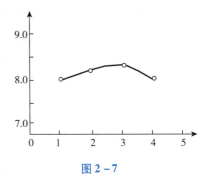

图 2 – 7

按照上述原则描绘 $\Delta x = \pm 0.05$，$\Delta y = \pm 0.04$ 曲线应如图 2 – 7 所示。

对于 x 轴：$M_x = 1/\Delta x = 20$（mm 物理单位）；对于 y 轴：$M_y = 1/\Delta y = 25$（mm 物理单位）。

（三）方程表示法

在化工计算中，为了便于应用，常常将实验结果以方程的形式表示出来，这种表示方法对计算机的应用是非常重要的。这种根据实验数据整理或回归出来的方程称为经验公式或半经验公式。

当对所研究的对象本质有较深的了解时，可根据各变量之间的影响写出待定的关系式，然后由实验数据确定方程的系数或常数，这种方程称为半经验公式，例如流体在圆直管中作强制湍流时的对流传热系数的计算式，依据各因素对对流传热系数的影响经因次分析方法得到关系式如下。

$$Nu = A\mathrm{Re}^m \mathrm{Pr}^n \tag{2 – 29}$$

方程式中的 A、m、n 是待定的常数，它们与传热的介质和传热方向有关，需要通过实验确定，实验表明，对于低黏度（$\mu \leqslant 2\mu_{\mathrm{H_2O}}$）的流体，其关系式为

$$Nu = 0.023\mathrm{Re}^{0.8}\mathrm{Pr}^n \tag{2 – 30}$$

当流体被加热时，$n = 0.4$；当流体被冷却时，$n = 0.3$，这也正是传热实验所要测定的结果。当对所研究的对象研究得不够深入或对所引起现象的规律暂时不够清楚时，往往是先将实验数据作图，由图形的形状判断关系式的形式，这样得到的方程称为经验公式。如果所描述的图形是一条直线，则公式的形式为：$y = a + bx$。当所标绘的线不是一条直线时，将图形与已知函数形式的图形进行比较，选择在实验数据范围内与图形数据最接近的公式进行回归（图 2 – 8、图 2 – 9）。

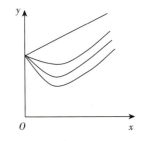

图 2 – 8　函数形式为 $y = ae^{bx}$ 的图形

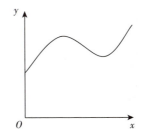

图 2 – 9　函数形式为 $y = x/(a + bx^2)$ 的图形

图 2 – 8 形式的函数形式为

$$y = ae^{bx} \tag{2 – 31}$$

图 2 – 9 形式的函数形式为

$$y = x/(a + bx^2) \tag{2 – 32}$$

其他更复杂的函数关系及相应的图形可查数学工具书。有些复杂的实验图形，可以用多项式表示为

$$y = a_0 + a_1 x + a_2 x^2 + a_3 x^3 + \cdots + a_n x^n \tag{2 – 33}$$

一般情况下，无论曲线多么复杂，总可以选取一个适当项数的多项式来描述该图形。有时也可以分段用几个方程进行表示。

以上各种经验公式或半经验公式中的常数除可用图解法（常用直线关系）求解外，还可以用回归分析法进行求解确定。

（四）最小二乘（回归）法

在化学工程实验中常遇到的问题是已知经验公式，如何确定经验公式中的常数，又称回归。经验公式中常数的求法很多，在化工实验中最常用的是直线图解法和最小二乘法。

利用最小二乘法回归函数关系的依据是，认为各自变量均无误差，而归结为因变量带有测量误差，并且认为测量值与真值（最佳值）之间的误差平方和为最小。

一元线性回归的具体推导其数学表达简介如下。

已知 N 个实验数据点 (X_1, Y_1)，(X_2, Y_2)，$(X_N, Y_N)\cdots$，设最佳线形函数关系式为 $y = b_0 + b_1 x_0$，则根据此式 N 组 x 值可计算出各对应的 y' 值。

$$y_1' = b_0 + b_1 x_1$$
$$y_2' = b_0 + b_1 x_2$$
$$\cdots\cdots$$
$$y_N' = b_0 + b_1 x_N \tag{2-34}$$

而实测时，每个 x 值所对应的值为 $y_1, y_2 \cdots y_N$，所以每组实验值与对应计算值 y' 的偏差 δ 应为

$$\delta_1 = y_1 - y_1' = y_1 - (b_0 + b_1 x_1)$$
$$\delta_2 = y_2 - y_2' = y_2 - (b_0 + b_1 x_2)$$
$$\cdots\cdots$$
$$\delta_N = y_N - y_N' = y_N - (b_0 + b_1 x_N) \tag{2-35}$$

按照最小二乘法的原理，测量值与真值之间的偏差平方和为最小 $\sum_{i=1}^{n} \delta_1^2$，最小的必要条件为

$$\begin{cases} \dfrac{\partial(\sum \delta_i^2)}{\partial b_0} = 0 \\ \dfrac{\partial(\sum \delta_f^2)}{\partial b_1} = 0 \end{cases} \tag{2-36}$$

展开可得：$\dfrac{\partial(\sum \delta_i^2)}{\partial b_0} = -2[y_1 - (b_0 + b_1 x_1)] - 2[y_2 - (b_0 + b_1 x_2)] \cdots\cdots - 2[y_N - (b_0 + b_1 x_N)] = 0$

$$\dfrac{\partial(\sum \delta_i^2)}{\partial b_1} = -2x_1[y_1 - (b_0 + b_1 x_1)] - 2x_2[y_2 - (b_0 + b_1 x_2)] \cdots\cdots - 2x_N[y_N - (b_o + b_1 x_N)] = 0$$

$$\tag{2-37}$$

写成和式

$$\begin{cases} \sum y - Nb_0 - b_1 \sum x = 0 \\ \sum xy - b_0 \sum x - b_1 \sum x^2 = 0 \end{cases} \tag{2-38}$$

联立解得

$$\begin{cases} b_0 = \dfrac{\sum x_i y_i \cdot \sum x_i - \sum y_i \cdot \sum x_i^2}{(\sum x_i)^2 - N \sum x_i^2} \\ b_1 = \dfrac{\sum x_i \cdot \sum y_i - N \sum x_i y_i}{(\sum x_i)^2 - N \sum x_i^2} \end{cases} \tag{2-39}$$

由此求得的截距为 b_0，斜率为 b_1 的直线方程，就是关联各实验点最佳的直线。

五、正交实验设计方法

对于化工过程，影响实验结果的实验条件往往是多方面的，如温度、压力、流量和浓度等。若要考察各种条件对实验结果的影响程度，就需要进行大量的实验研究，然而，在实验过程中，总是希望以最少的实验次数，来取得足够的实验数据，得到稳定、可靠的实验结果。那么，应该如何安排实验，选用什么方法对数据进行分析与回归呢？

在实践研究中，结合数理统计学的相关知识与方法，常用的实验设计方法有析因设计法、正交设计法和序贯设计法等。析因设计法和序贯设计法本节不进行详细描述。

（一）正交实验设计的有关术语和符号

1. 实验指标　指能够表征实验结果特性的参数，是通过实验来研究的主要内容，它的确定与实验目的息息相关。如在研究吸收过程中，实验指标就确定为传质系数与填料的等板高度。

2. 因素　指可能对实验结果产生影响的实验参数，如温度、压力和流量等参数。常用大写字母 A、B、C、……表示。

3. 水平　指实验研究中，各因素所选取的具体状态，如流量分别选取不同的值，所选取值的数目就是因素的水平数。常用大写字母 A_1、A_2、A_3、……表示。

（二）正交实验设计的优点

最古典的实验设计方法是析因设计法，它将各因素的各水平全面搭配，来安排实验，可想而知，对于研究多因素、多水平的系统，这种方法的工作量非常大。

例如：一个三因素、三水平的实验，若用析因设计法进行全面搭配，需要做 $3^3=27$ 次实验。虽可取得足够多的数据，但由于实验工作量大，所需要的人力、物力也相当可观，故这种方法应用并不多，一般仅应用于单因素的实验系统。

为了简化实验过程，结合数理统计学的研究方法，用正交表安排实验，即正交设计法。选用 $L_9(3^4)$ 正交表（表 2-4）安排实验，$L_n(S^R)$ 正交表的含义如图 2-10 所示。

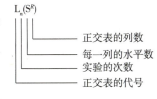

图 2-10　$L_n(S^R)$ 正交表符号示意图

表 2-4　$L_9(3^4)$ 正交表

试验号	列号			
	1	2	3	4
1	1	1	1	1
2	1	2	2	2
3	1	3	3	3
4	2	1	2	3
5	2	2	3	1
6	2	3	1	2
7	3	1	3	2
8	3	2	1	3
9	3	3	2	1

利用正交设计方法解决三因素、三水平的问题，只需进行9次实验，大大减少了实验的工作量。同时，实验点分布均匀，具有如下特点。

1. 每个水平的数字出现次数相同（即每列出现1、2、3各3次）。

2. 任意两列的横行组成的不同"数对"出现的次数相同［任意两列组成的数字（1，1）、（1，2）、（1，3）、（2，1）、（2，2）（2，3）、（3，1）、（3，2）、（3，3）各出现1次］。

另外，由于正交实验设计方法借助了数理统计学的分析方法，因此，实验数据可以利用极差分析方法和方差分析方法进行分析计算。正交实验设计所选用的正交表，均是通过大量的实践研究和理论分析得到的，并不是针对任意的因素数和水平数存在的。

在进行正交实验设计时，应根据实验的目的与要求，确定实验指标及相应的实验因素，并由实验因素可能的影响程度确定其水平数。根据因素数和水平数选择正交表，安排实验内容。

在进行实验设计时，应注意以下几个问题。

（1）根据实验因素数选择正交表时，若没有与其相匹配的正交表，则可选取因素数略多的正交表。另外，对于某些实验，实验因素之间可能存在着交互作用，如在化学反应过程中，温度与压力同时变化对转化率带来的影响可能与其单独变化时的影响不同。这样，若要考虑因素间的交互作用，则需相应地增加因素数，实验的次数也会随之增加。如：一个三水平、三因素的实验，若不考虑因素间的交互作用，可选用$L_9(3^4)$正交表进行设计，需要完成9次实验；若要考虑其因素间的交互作用，则需选用$L_{27}(3^{13})$正交表进行设计，需要完成27次实验。

（2）根据实验水平数选择正交表时，若各个因素的水平数相同时，我们可选用同因素数的正交表。若各因素对实验的影响程度不同，可视其情况，选择不同的水平数，这时就应选用相应的混合正交表，仍可利用上述方法进行试验设计。

（三）正交表头设计

当选定了相应的正交表头后，如果存在交互作用，这就需要了解正交表的使用方法，尤其是存在交互作用时，更需要注意正交表头的设计。下面以一实验过程为例，对设计方案进行分析。

例 2 - 3 某个化学反应过程，为了研究其转化率，现选择了三个有关的因素：反应温度（T）、反应时间（θ）和初始浓度（c）。现考察其在不同情况下的设计方法与方案。

若每个因素均选用两水平数，且不考虑其交互作用，则选用$L_4(2^3)$正交表即可，其设计方案见表 2 - 5。

表 2 - 5 $L_4(2^3)$ 表头设计方案

列号	1	2	3
因素	T	θ	c

若每个因素均选用三水平数，且不考虑其交互作用，则选用$L_9(3^4)$正交表即可，其设计方案见表 2 - 6。

表 2 - 6 $L_9(3^4)$ 表头设计方案

列号	1	2	3	4
因素	T	θ	c	（空列）

由此可知，对于因素数相同，且不考虑交互作用的实验安排，其表头设计基本一致，若有多余的列，将其空出即可。随着实验因素水平数的增加，实验次数也相应增加，因此，实验水平数的选择，应根据实验情况而定，不要一味地增加。一般情况下，水平数应不小于3，这样在进行数据分析时，有利

于了解各因素对实验结果影响的趋势。

考虑各因素间的交互作用对实验指标的影响，就需要增加因交互作用而产生的因素。若每个因素均选用两水平数，其表头安排可依照表 2-7 进行设计，其方法如下。

表 2-7　$L_8(2^7)$ 正交表

列号	列号					
	1	2	3	4	5	6
7	6	5	4	3	2	1
6	7	4	5	2	3	
5	4	7	6	1		
4	5	6	7			
3	2	1				
2	3					

1. 先将反应温度（T）及反应时间（θ）分别放在第 1 列和第 2 列。

2. 按照交互作用表的要求安排第 3 列，从上面横行的列号中找到 1，从左侧的列号中找到 2，在表中找到横、纵坐标交点的数字为 3，就是 T 及 θ 交互作用（记为 $T\times\theta$）的列号，注意，此时不能直接把初始浓度（c）放在第 3 列。

3. 将初始浓度（c）放在第 4 列。

4. 按照交互作用表的设计方法，将 $T\times c$ 安排在第 5 列，将 $\theta\times c$ 安排在第 6 列即可（表 2-8）。

表 2-8　$L_8(2^7)$ 表头设计方案

列号	1	2	3	4	5	6	7
因素	T	θ	$T\times\theta$	c	$T\times c$	$\theta\times c$	空列

若每个因素均选用三水平数，且考虑其交互作用，可以选用 $L_{27}(3^{13})$ 正交表的表头设计方案，在考虑交互作用的因素时，应注意，随着水平数的增加，交互作用所占的列数也将增加，对于 S 水平两因素间的交互作用要占（$S-1$）列，此时，对于三水平两因素间的交互作用要占 2 列。其设计方案见表 2-9。

表 2-9　$L_{27}(3^{13})$ 表头设计方案

列号	1	2	3	4	5	6	7
因素	T	θ	$(T\times\theta)_1$	$(T\times\theta)_2$	c	$(T\times c)_1$	$(T\times c)_2$
列号	8	9	10	11	12	13	
因素	$(\theta\times c)_1$	空列	空列	$(\theta\times c)_2$	空列	空列	

（四）正交实验设计的分析方法

通过正交实验设计方法得到的实验数据可通过极差、方差分析法等数学方法对其进行分析，以得到可靠的、有指导意义的数据与结论。现以下列例题讨论正交实验结果的分布方法。

例 2-4　为了研究某个化学反应过程转化率的影响条件，现选择了三个相关的因素：反应温度（T）、反应时间（θ）和初始浓度（c），每个因素取三个水平，见表 2-10。

表2-10　正交实验因素和水天表

水平	因素		
	反应温度 $T/℃$	反应时间 θ/min	初始浓度 $c/\%$
1	2	3	
60	70	80	
60	90	120	
45	50	55	

不考虑因素间的交互作用，用正交实验方法进行实验设计，实验结果见表2-11，并分析各因素对转化率有无显著影响。

表2-11　正交实验设计表

组号	列号			转化率/%
	1 反应温度	2 反应时间	3 初始浓度	
1	1	1	1	30
2	1	1	2	51
3	1	3	3	42
4	2	1	2	54
5	2	2	3	50
6	2	3	1	46
7	3	1	3	59
8	3	2	1	64
9	3	3	2	66

1. 极差分析法　对于第1列因素可以分别计算出每种水平上的试验值之和及平均数。

$$K_1^A = Y_1 + Y_2 + Y_3 = 123 \qquad k_1^A = \frac{1}{3}K_1^A = 41.00 \qquad (2-40)$$

$$K_2^A = Y_4 + Y_5 + Y_6 = 150 \qquad k_2^A = \frac{1}{3}K_2^A = 50.00$$

$$K_3^A = Y_7 + Y_8 + Y_9 = 189 \qquad k_3^A = \frac{1}{3}K_3^A = 63.00$$

式中，K_i^A，因素 A 在 i 水平上的试验值之和；k_i^A，因素 A 在 i 水平上平均值。

同样，可以求出因素 B 和因素 C 在各水平上的平均值。

$$K_1^B = Y_1 + Y_4 + Y_7 = 143 \qquad k_1^B = \frac{1}{3}K_1^B = 47.67$$

$$K_2^B = Y_2 + Y_5 + Y_8 = 165 \qquad k_2^B = \frac{1}{3}K_2^B = 55.00$$

$$K_3^B = Y_3 + Y_6 + Y_9 = 154 \qquad k_3^B = \frac{1}{3}K_3^B = 51.33$$

$$K_1^C = Y_1 + Y_6 + Y_8 = 140 \qquad k_1^C = \frac{1}{3}K_1^C = 46.67$$

$$K_2^C = Y_2 + Y_4 + Y_9 = 171 \qquad k_2^C = \frac{1}{3} K_2^C = 57.00$$

$$K_3^C = Y_3 + Y_5 + Y_7 = 151 \qquad k_3^C = \frac{1}{3} K_3^C = 50.33$$

将以上求得的数据，以各因素的实际水平为横坐标，以平均转化率为纵坐标作图，实验结果极差分析如图 2 – 11 中（a）（b）（c）所示，可知

图 2 – 11（a）中反应温度（T）的极差为 22.00；

图 2 – 11（b）中反应时间（θ）的极差为 7.33；

图 2 – 11（c）中反应浓度（c）的极差为 10.33。

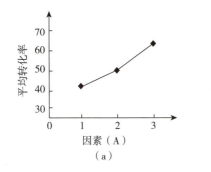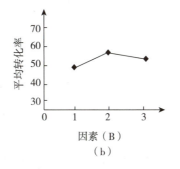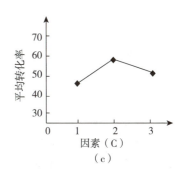

图 2 – 11　实验结果极差分析

由此，可以比较直观地了解各因素对实验指标的影响程度的大小及趋势，但是如何判断各因素对实验指标的影响显著与否，需要借助数学方法进行方差分析。

2. 方差分析法　在应用方差分析前，先介绍几个相关的数学概念。

（1）实验值之和

$$K = \sum_{i=1}^{n} Y_i = K_1^A + K_2^A + K_3^A = K_1^B + K_2^B + K_3^B = K_1^C + K_2^C + K_3^C \qquad (2-41)$$

（2）实验平均值

$$\overline{Y} = \frac{1}{n} \sum_{i=1}^{n} Y_i = \frac{1}{n} K \qquad (2-42)$$

（3）各因素的离差平方和　设有 R 个因素，每个因素的水平数为 S，则有

$$Q_A = \sum_{j=1}^{s} (k_j^A - \overline{Y})^2 \qquad (2-43)$$

$$Q_B = \sum_{j=1}^{s} (k_j^B - \overline{Y})^2$$

$$\vdots$$

$$Q_R = \sum_{j=1}^{s} (k_j^R - \overline{Y})^2$$

式中，Q_A，Q_B，$\cdots$，Q_R 的自由度为（$n-1$）。

（4）总离差平方和

$$Q_T = \sum_{i=1}^{n} (Y_i - \overline{Y})^2 \qquad (2-44)$$

（5）实验误差

$$Q_E = Q_T - (Q_A + Q_B + \cdots + Q_R) \qquad (2-45)$$

式中，Q_T 的自由度为 $(n-1)-r(S-1)=(r-1)$。

在实际过程中，为了简化计算，可按如下方法处理。令

$$P=\frac{1}{n}K^2 \tag{2-46}$$

$$W=\sum_{i=1}^{n}Y_i^2 \tag{2-47}$$

$$U_A=\frac{1}{S}\sum_{j=1}^{s}(k_j^A)^2,U_B=\frac{1}{S}\sum_{j=1}^{s}(k_j^B)^2,\cdots,U_R=\frac{1}{S}\sum_{j=1}^{s}(k_j^R)^2 \tag{2-48}$$

则有

$$Q_T=W-P \tag{2-49}$$

$$Q_A=U_A-P,Q_B=U_B-P,\cdots,Q_R=U_R-P \tag{2-50}$$

（6）方差比

$$F_A=\frac{Q_A}{Q_E},F_B=\frac{Q_B}{Q_E},\cdots,F_R=\frac{Q_R}{Q_E} \tag{2-51}$$

其自由度为 $(S-1,r-1)$，方差比是衡量实验因素对实验指标影响的一个重要数据，其数值越大，说明因素对实验指标的影响越显著。

（7）显著水平　显著水平 α 是衡量因素对实验指标影响程度的另一个重要参数，其值一般由实验者根据实验要求确定。在工程研究中，α 值通常选为 10%、5% 或 1%。对实验数据要求不高时，α 值可选得大些；对于一些高精度的实验，α 值则要相应地选得小些。

由于方差比服从自由度为 $(S-1,r-1)$ 的 F 分布，在给定了显著水平 α 的值后，可通过查 F 分布数值表得 $F_\alpha(S-1,r-1)$ 的值。若 $F_R \geq F_\alpha(S-1,r-1)$ 则认为因素 R 对试验结果有显著影响；若 $F_R < F_\alpha(S-1,r-1)$，则认为因素 R 对实验结果无显著影响。这就是正交实验的方差分析法，现仍以上题为例加以说明。计算 F_A、F_B、F_C 的值可用方差分析表（表 2-12、表 2-13）。

表 2-12　方差计算

组号	A	B	C	实验值	平方
1	1	1	1	Y_1	Y_1^2
2	1	2	2	Y_2	Y_2^2
3	1	3	3	Y_3	Y_3^2
4	2	1	2	Y_4	Y_4^2
5	2	2	3	Y_5	Y_5^2
6	2	3	1	Y_6	Y_6^2
7	3	1	3	Y_7	Y_7^2
8	3	2	1	Y_8	Y_8^2
9	3	3	2	Y_9	Y_9^2
K_1	K_1^A	K_1^B	K_1^C		
K_2	K_1^A	K_2^B	K_2^C	K	W
K_3	K_3^A	K_3^B	K_3^C		
U	U_A	U_B	U_C	P	
Q	Q_A	Q_B	Q_C		

表 2 – 13 方差分析

因素	离差	自由度	均方离差	F
A	Q_A	$S-1$	$S_A^2=Q_A/(S-1)$	$F_A=S_A^2/S_E^2$
B	Q_B	$S-1$	$S_B^2=Q_B/(S-1)$	$F_B=S_B^2/S_E^2$
C	Q_C	$S-1$	$S_C^2=Q_C/(S-1)$	$F_C=S_C^2/S_E^2$
误差	Q_E	$r-1$	$S_E^2=Q_E/(r-1)$	
总和	Q_T	$n-1$		

例题中的实验方案及计算结果见表 2 – 14，离差与 F 值的计算结果见表 2 – 15。

表 2 – 14 实验方案及计算结果

组号	A	B	C	实验值	平方
1	1	1	1	30	900
2	1	2	2	51	2601
3	1	3	3	42	1764
4	2	1	2	54	2916
5	2	2	3	50	2500
6	2	3	1	46	2116
7	3	1	3	59	3481
8	3	2	1	64	4096
9	3	3	2	66	4356
K_1	123	143	140		
K_2	150	165	171	462	24730
K_3	189	154	151		
U	24450	23797	23881	23716	

表 2 – 15 离差与 F 值的计算结果

因素	离差	自由度	均方离差	F
A	734	2	367.0	21.59
B	81	2	40.5	2.38
C	165	2	82.5	4.85
误差	34	2	17.0	
总和	1014	8		

给定显著水平 $\alpha=5\%$，查 F 分布数值表的 $F_\alpha(2,2)=19.00$，可知 $F_A>19$，表明反应温度对转化率有着显著影响；$F_B<19$，$F_C<19$，表明反应时间与初始浓度对转化率无显著影响。

六、预习实验及撰写实验报告

化工原理实验主要包括四个教学环节：实验预习并撰写预习报告、实验操作、撰写实验报告、实验考核。

(一) 实验预习要求及预习报告的撰写

预习工作是化工原理实验的必要工作。由于化工原理实验的特殊性，更需要在实验前进行认真预习。实验前应阅读实验指导书，了解实验目的、实验内容、实验原理和注意事项等。按要求作好预习报告，完成线上学习内容。实验课时应携带预习报告，交授课教师审阅。

预习报告包括以下内容。

1. 熟悉实验的主要内容，到现场了解实验设备的结构和流程。

2. 与实验内容有关的理论知识及相关定性分析和定量计算。

3. 明确实验步骤和所要测定的项目。

4. 了解实验所用仪器、设备的使用方法和注意事项，需要记录的相关设备的主要参数。

5. 设计实验数据记录表格。

（二）实验报告要求

实验报告应简单明了，语言通顺，图表数据齐全、规范。实验报告的重点是实验数据的整理与分析。具体包括以下内容。

1. 实验原始记录　设备的主要参数、实验原始数据（注意有效数字的位数）。原始记录必须有指导教师签字，否则无效。

2. 实验数据分析　对原始记录进行必要的分析、整理。包括实验数据与估算结果的比较，实验故障原因的分析等。

3. 数据处理　有多组实验数据时，以其中一组数据为例，表述完整的计算过程。以图表的形式将全部计算结果归纳整理（注意：物理量的单位均为国际单位制）。

4. 实验结果分析　首先从理论上对实验结果进行分析和解释，再对实验的异常现象进行分析讨论，说明可能的影响因素。分析误差产生的原因及大小，对实验方法及装置提出改进意见。

5. 完成指定的思考题　预习报告在实验前完成，实验报告应在实验完成后一周内交实验指导教师批阅。

答案解析

一、单选题

1. 下列论述中正确的是（　　）

    A. 准确度高，一定需要精密度高　　　　　　B. 精密度高，准确度一定高

    C. 精密度高，系统误差一定小　　　　　　　D. 分析工作中，要求分析误差为零

2. 在分析过程中，通过（　　）可以减少偶然误差对分析结果的影响

    A. 增加平行测定次数　　B. 作空白试验　　　　C. 对照试验　　　　　D. 校准仪器

3. 偶然误差是由一些不确定的偶然因素造成的，2.050×10^{-2} 是（　　）有效数字

    A. 一位　　　　　　　B. 二位　　　　　　　C. 三位　　　　　　　D. 四位

4. 用 25ml 移液管移出的溶液体积应记录为（　　）ml

    A. 25.0　　　　　　　B. 25　　　　　　　　C. 25.00　　　　　　　D. 25.000

5. 以下关于偏差的叙述正确的是（　　）

    A. 测量值与真实值之差　　　　　　　　　　B. 测量值与平均值之差

    C. 操作不符合要求所造成的误差　　　　　　D. 由于不恰当分析方法造成的误差

6. 下列各数中，有效数字位数为四位的是（　　）

 A. 123.67   B. pH = 10.42   C. 19.96%   D. 0.0400

7. 配制 1000ml 0.1mol/L HCl 标准溶液，需量取 8.3ml 12mol/L 浓 HCl，从有效数字和准确度判断下述操作正确的是（　　）

 A. 用滴定管量取   B. 用量筒量取

 C. 用刻度移液管量取   D. 用烧杯量取

8. 1.34×10^{-3} 的有效数字是（　　）位

 A. 6   B. 8   C. 5   D. 3

9. pH = 5.26 中的有效数字是（　　）位

 A. 0   B. 2   C. 3   D. 4

10. 某物质量是 20g，为二位有效数字。若以 mg 为单位时，20g 应计为（　　）

 A. 2.0×10^4 mg   B. 20000mg   C. 2×10^4 mg   D. 0.2×10^5 mg

二、多选题

1. 消除测定中系统误差可以采取的措施有（　　）

 A. 选择合适的分析方法   B. 做空白试验

 C. 做对照试验   D. 校正仪器

2. 系统误差产生的原因有（　　）

 A. 仪器误差   B. 方法误差   C. 操作误差   D. 试剂误差

3. 提高分析结果准确度的方法是（　　）

 A. 做空自试验   B. 增加平行测定的次数

 C. 校正仪器   D. 选择合适的分析方法

4. 以下误差属于系统误差的是（　　）

 A. 试剂不纯   B. 仪器未校准

 C. 称量时，药品有洒出   D. 滴定时，读数有个人倾向

5. 下列数字中是三位有效数字的有（　　）

 A. 0.03   B. 3.00   C. 1.03×10^4 D. 1.03×10^{-3}

书网融合……

题库

微课

本章小结

第三章　化工原理操作类实验

第一节　离心泵特性曲线测定实验 微课

PPT

一、实验目的

1. 掌握离心泵特性曲线测定方法。
2. 熟悉离心泵结构与特性、离心泵的使用。
3. 了解电动调节阀的工作原理和使用方法。

二、基本原理

离心泵的特性曲线是选择和使用离心泵的重要依据之一，其特性曲线是在恒定转速下泵的扬程 H、轴功率 N 及效率 η 与泵的流量 Q 之间的关系曲线，它是流体在泵内流动规律的宏观表现形式。由于泵内部流动情况复杂，不能用理论方法推导出泵的特性关系曲线，只能依靠实验测定。

1. 扬程 H 的测定与计算　取离心泵进口真空表和出口压力表处为 1、2 两截面，列机械能衡算方程。

$$z_1 + \frac{p_1}{\rho g} + \frac{u_1^2}{2g} + H = z_2 + \frac{p_2}{\rho g} + \frac{u_2^2}{2g} + \sum h_f \tag{3-1}$$

由于两截面间的管长较短，通常可忽略阻力项 $\sum h_f$，速度平方差也很小故可忽略，则有

$$H = (z_2 - z_1) + \frac{p_2 - p_1}{\rho g}$$
$$= H_0 + H_1 + H_2 \tag{3-2}$$

式中，$H_0 = z_2 - z_1$，表示泵出口和进口间的位差，m；ρ，流体密度，kg/m³；g，重力加速度 m/s²；p_1、p_2，分别为泵进、出口的真空度和表压，Pa；H_1、H_2，分别为泵进、出口的真空度和表压对应的压头，m；u_1、u_2，分别为泵进、出口的流速，m/s；z_1、z_2，分别为真空表、压力表的安装高度，m。

由上式可知，只要直接读出真空表和压力表上的数值，测量出两表的安装高度差 H_0，就可计算出泵的扬程。

2. 轴功率 N 的测量与计算

$$N = N_{电} \times k \quad (\text{W}) \tag{3-3}$$

式中，$N_{电}$，电功率表显示值；k，电机传动效率，可取 $k = 0.95$。

3. 效率 η 的计算 泵的效率 η 是泵的有效功率 Ne 与轴功率 N 的比值。有效功率 Ne 是单位时间内流体经过泵时所获得的实际功，轴功率 N 是单位时间内泵轴从电机得到的功，两者差异反映了水力损失、容积损失和机械损失的大小。

泵的有效功率 Ne 可用下式计算。

$$Ne = HQ\rho g \tag{3-4}$$

故泵效率为

$$\eta = \frac{HQ\rho g}{N} \times 100\% \tag{3-5}$$

4. 转速改变时的换算 泵的特性曲线是在一定转速下的实验测定所得。但是，实际上感应电动机在转矩改变时，其转速会有变化，这样随着流量 Q 的变化，多个实验点的转速 n 将有所差异，因此在绘制特性曲线之前，必须将实测数据换算为某一定转速 n' 下（可取离心泵的额定转速 2900r/min）的数据。换算关系如下。

流量
$$Q' = Q \frac{n'}{n} \tag{3-6}$$

扬程
$$H' = H \left(\frac{n'}{n}\right)^2 \tag{3-7}$$

轴功率
$$N' = N \left(\frac{n'}{n}\right)^3 \tag{3-8}$$

效率
$$\eta' = \frac{Q'H'\rho g}{N'} = \frac{QH\rho g}{N} = \eta \tag{3-9}$$

三、实验装置与流程

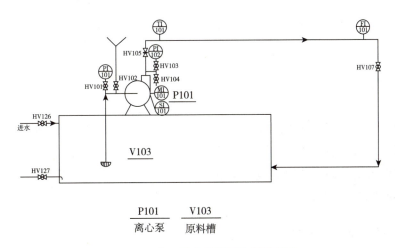

$$\frac{\text{P101}}{\text{离心泵}} \quad \frac{\text{V103}}{\text{原料槽}}$$

图 3-1 离心泵实验装置流程示意图

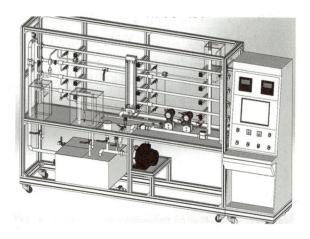

图 3-2　离心泵实验装置图

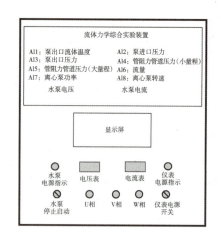

图 3-3　离心泵实验装置控制仪图

四、实验步骤

1. 清理原料槽 V103 中的杂质，打开水槽进水阀 HV126，向水槽 V101 内加水，至其容积的 3/4 左右（液位高度 220mm 左右）。

2. 打开离心泵灌水阀 HV102 和离心泵出口管路排净阀 HV104，向离心泵内灌水，直到水从离心泵出口管路排净阀 HV104 流出，表明离心泵充满水（即水泵内的气体排净）后，关闭离心泵灌水阀 HV102。

3. 检查所有阀门开关，保证开关在关的状态。

4. 试开离心泵（打开离心泵开关，并马上关闭），检查离心泵电机的运转方向是否正常（逆时针旋转）和离心泵是否正常运转（泵出口压力是否高于 200kPa）。

5. 打开泵进出口压力表根部阀 HV101 和 HV103，观察仪表是否正常。启动离心泵 P101，打开切断阀 HV107，保证机泵后管路畅通。

6. 当泵转速达到 2800r/min 后，逐步全开泵出口阀 HV105，最大流量控制在 7m³/h 左右。

7. 规划七组流量值，通过调节泵出口阀 HV105 的开度改变流量（也可通过触摸屏改变流量，记录和存储实验数据），待各仪表读数显示稳定后，读取相应数据并记录流量 Q、泵进口压力 p_1、泵出口压力 p_2、电机功率 N、电泵转速 n（每改变一次流量，在触摸屏上点击记录数据）、水的温度 t。

8. 实验数据记录完毕，先关闭泵出口阀 HV105，在仪表控制柜上停止离心泵 P101。

9. 清空管路及离心泵中的水，仪表归零，装置复原，关闭总电源。

五、注意事项

1. 实验前需进行灌泵操作，以防止离心泵气缚。定期对泵进行保养，防止叶轮被固体颗粒损坏。

2. 泵运转过程中，勿触碰泵主轴部分，因其高速转动，可能会缠绕并伤害身体接触部位。

3. 不要在出口阀关闭状态下长时间使泵运转，一般不超过三分钟，否则泵中液体循环温度升高，易产生气泡，使泵抽空。

六、实验记录及数据处理

1. 记录实验原始数据，见表 3-1。

表 3 – 1 离心泵特性曲线测定原始数据记录表

装置号： ，离心泵型号： ，泵进出口测压点高度差 H_0 = 流体温度 t：

序号	流量 Q/ （m^3/h）	泵进口压力 p_1/ kPa	泵出口压力 p_2/ kPa	电机功率 $N_{电}$/ kW	泵转速 n/ （r/min）
1					
2					
…					
7					

2. 根据原理部分的公式，按比例定律校合转速后，计算各流量下的泵扬程、轴功率和效率。完成实验数据处理，见表 3 – 2。

表 3 – 2 离心泵特性曲线测定实验数据计算表

序号	流量 Q'/（m^3/h）	扬程 H'/m	轴功率 N'/kW	泵效率 η'/%
1				
2				
…				
7				

七、实验报告

1. 分别绘制一定转速下的 H – Q、N – Q、η – Q 曲线。
2. 分析实验结果，判断泵最为适宜的工作范围。

答案解析

1. 某同学进行离心泵特性测定实验时，启动泵后，出水管不出水，泵进口处真空度很高，你认为以下各项中属于故障原因的是（ ）

    A. 吸入管路阀堵塞   B. 气缚

    C. 水温太高   D. 排出管路阀关闭

2. 离心泵在启动时需要关闭出口阀门的原因是（ ）

    A. 保护泵的叶轮   B. 保护泵的出口管路

    C. 保护电机   D. 保护泵的吸入管路

3. 以下各项中不是离心泵调节流量方式的是（ ）

    A. 调节出口阀开度   B. 调节电机转速

    C. 调节吸入阀开度   D. 调节叶轮直径

4. 离心泵特性曲线测定实验中，下列操作顺序正确的是（①启动泵，②灌泵，③打开仪表电源和总电源，④打开出口阀）（ ）

    A. ①③④②   B. ①②③④

    C. ③②④①   D. ③②①④

5. 下列关于离心泵特性曲线说法错误的是（　　）

    A. 纵坐标可以为扬程   B. 纵坐标可以为轴功率

    C. 纵坐标可以为流量   D. 纵坐标可以为效率

6. 在测定离心泵性能曲线时，流量调节阀门是（　　）

    A. 进口阀门   B. 出口阀门

    C. 旁路阀门   D. 进、出口阀门都可以

7. 在离心泵性能曲线测定中，随着流量的增大，真空表读数、压力表读数的变化是（　　）

    A. 真空表增大，压力表增大   B. 真空表减小，压力表增大

    C. 真空表增大，压力表减小   D. 真空表减小，压力表减小

8. 离心泵的调节阀（　　）

    A. 只能安在进口管路上   B. 只能安在出口管路上

    C. 安装在进口管路和出口管路上均可   D. 只能安在旁路上

9. 离心泵调节阀的开度改变时，则（　　）

    A. 不会改变管路性能曲线   B. 不会改变工作点

    C. 不会改变泵的特性曲线   D. 不会改变管路所需的扬程

10. 某泵在运行 1 年后发现有气缚现象，应（　　）

    A. 停泵，向泵内灌液   B. 降低泵的安装高度

    C. 检查进口管路有否泄漏现象   D. 检查出口管路阻力是否过大

书网融合……

题库

微课

第二节　流体流动综合实验

PPT

一、实验目的

1. 掌握测定流体流经直管、管件和阀门时阻力损失的一般实验方法；测定直管摩擦系数 λ 与雷诺准数 Re 关系的方法，验证在一般湍流区内 λ 与 Re 的关系曲线；测定流体流经直管时，层流区阻力损失的一般实验方法；测定流体流经阀门（不同开度）时的局部阻力系数 ξ 的方法。

2. 熟悉倒 U 形压差计和电磁流量计的使用方法。

3. 了解变差变送器的原理和操作方法。

二、基本原理

流体通过由直管、变径管、管件（如三通和弯头等）和阀门等组成的管路系统时，由于黏性剪应力和涡流应力的存在，要损失一定的机械能。流体流经直管时所造成机械能损失称为直管阻力损失。流

体通过管件、阀门时因流体运动方向和速度大小改变所引起的机械能损失称为局部阻力损失。

1. 直管阻力摩擦系数 λ 的测定　流体在水平等径直管中稳定流动时，阻力损失为

$$h_f = \frac{\Delta p_f}{\rho} = \frac{p_1 - p_2}{\rho} = \lambda \frac{l}{d} \cdot \frac{u^2}{2} \tag{3-10}$$

即，

$$\lambda = \frac{2d\Delta p_f}{\rho l u^2} \tag{3-11}$$

式中，λ，直管阻力摩擦系数，无因次；d，直管内径，m；Δp_f，流体流经 l 米直管的压力降，Pa；h_f，单位质量流体流经 l 米直管的机械能损失，J/kg；ρ，流体密度，kg/m^3；l，直管长度，m；u，流体在管内流动的平均流速，m/s。

滞流（层流）时，$\lambda = \dfrac{64}{Re}$ $\tag{3-12}$

$$Re = \frac{du\rho}{\mu} \tag{3-13}$$

式中，Re，雷诺准数，无因次；μ，流体黏度，kg/(m·s)。

湍流时 λ 是雷诺准数 Re 和相对粗糙度（ε/d）的函数，须由实验确定。

由式（3-11）可知，欲测定 λ，需确定 l、d，测定 Δp_f、u、ρ、μ 等参数。l、d 为装置参数（装置参数表格中给出），ρ、μ 通过测定流体温度，再查有关手册而得，u 通过测定流体流量，再由管径计算得到。

例如本装置采用涡轮流量计测量流量 $V(\text{m}^3/\text{h})$，可有

$$u = \frac{V}{900\pi d^2} \tag{3-14}$$

Δp_f 可用倒置 U 型管或差压变送器和二次仪表显示。

当采用倒置 U 型管液柱压差计时

$$\Delta p_f = \rho g R \tag{3-15}$$

式中，R，两侧水柱的高度差，m。

当采用 U 型管液柱压差计时

$$\Delta p_f = (\rho_0 - \rho) g R \tag{3-16}$$

式中，R，液柱高度，m；ρ_0，指示液密度，kg/m^3。

根据实验装置结构参数 l、d，指示液密度 ρ_0，流体温度 t_0（查流体物性 ρ、μ），及实验时测定的流量 V、液柱压差计的读数 R 或差压变送器读数，通过式（3-11）（3-12）（3-13）（3-14）和（3-15）求取 Re 和 λ，再将 Re 和 λ 标绘在双对数坐标图上。

2. 局部阻力系数 ξ 的测定　局部阻力损失通常有两种表示方法，即当量长度法和阻力系数法。

（1）当量长度法　流体流过某管件或阀门时造成的机械能损失看作与某一长度为 l_e 的同直径的管道所产生的机械能损失相当，此折合的管道长度称为当量长度，用符号 l_e 表示。依据当量长度可以用直管阻力的公式来计算局部阻力损失，而且在管路计算时可将管路中的直管长度与管件、阀门的当量长度合并在一起计算，则流体在管路中流动时的总机械能损失 $\sum h_f$ 为

$$\sum h_f = \lambda \frac{l + \sum l_e}{d} \cdot \frac{u^2}{2} \tag{3-17}$$

（2）阻力系数法　流体通过某一管件或阀门时的机械能损失表示为流体在小管径内流动时平均动能的某一倍数，局部阻力的这种计算方法，称为阻力系数法。即

$$h'_f = \frac{\Delta p'_f}{\rho} = \xi \frac{u^2}{2} \tag{3-18}$$

故
$$\xi = \frac{2\Delta p'_f}{\rho u^2} \tag{3-19}$$

式中，ξ，局部阻力系数，无因次；$\Delta p'_f$，局部阻力压强降，Pa（本装置中，所测得的压降应扣除两测压口间直管段的压降，直管段的压降由直管阻力实验结果求取）；ρ，流体密度，kg/m³；g，重力加速度，9.81m/s²；u，流体在小截面管中的平均流速，m/s。

本实验采用阻力系数法表示管件或阀门的局部阻力损失。根据连接管件或阀门两端管径中小管的直径 d、指示液密度 ρ_0、流体温度 t_0（查流体物性 ρ、μ）及实验时测定的流量 V、压差变送器的测量值，通过式（3-14）（3-18）和（3-19）求取管件或阀门的局部阻力系数 ξ。

三、实验装置与流程

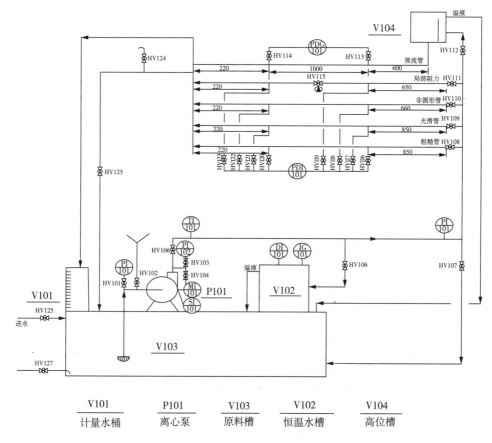

V101	P101	V103	V102	V104
计量水桶	离心泵	原料槽	恒温水槽	高位槽

图 3-4   流体流动阻力测定实验流程示意图

实验装置（图 3-5）由水箱、离心泵、不同管径、材质的水管，各种阀门、管件，电磁流量计、差压变送器和倒 U 型压差计等所组成。管路部分有五段并联的长直管，分别为用于测定局部阻力系数、异型管阻力系数、光滑管直管阻力系数、粗糙管直管阻力系数和经高位槽输送测定层流管阻的压力测定。测定局部阻力部分为不锈钢管，其上装有待测管件（带阀门开度的球阀）；光滑管直管阻力的测定为内壁光滑的不锈钢管，粗糙管直管阻力的测定对象为喷砂的光滑管；异型管的测定采用方管，层流管直管阻力的测定为内壁光滑的不锈钢管。

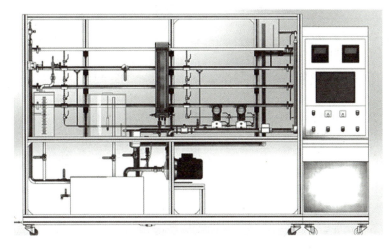

图 3 – 5　流体流动阻力测定实验装置图

　　水的流量使用电磁流量计测量，精度 0.5%，流量范围 0 ~ 5m³/h，管路和管件的阻力采用差压变送器测量，本装置安装了 2 个差压变送器（0 ~ 5kPa，0 ~ 500kPa），测量时依据差压变化，选择用不同的差压变送器记录实验数据（本装置的控制仪表面板同离心泵实验装置）。（表 3 – 3、表 3 – 4、表 3 – 5）

表 3 – 3　各管段参数

管段名称	管径（内径）d/m	管长 l/m	材料
光滑直管	0.021	1.0	不锈钢
粗糙直管	0.021	1.0	镀锌铁管
层流管	0.008	1.0	不锈钢
局部阻力管（带球阀）	0.021	1.0	不锈钢

表 3 – 4　阀门编号对照表

序号	编号	名称	序号	编号	名称
1	HV101	离心泵进口压力表根部阀	17	HV117	光滑管进口压力阀
2	HV102	离心泵进口阀	18	HV118	套管进口压力阀
3	HV103	离心泵进出口压力根部阀	19	HV119	局部阻力进口压力阀
4	HV104	离心泵出口排净阀	20	HV120	粗糙管出口压力阀
5	HV105	离心泵出口阀	21	HV121	光滑管出口压力阀
6	HV106	恒温水槽进水阀	22	HV122	套管出口压力阀
7	HV107	切断阀	23	HV123	局部阻力出口压力阀
8	HV108	粗糙管进口阀	24	HV124	放空阀
9	HV109	光滑管进口阀	25	HV125	出口总阀
10	HV110	套管进口阀	26	HV126	水箱进水阀
11	HV111	局部阻力进口阀	27	HV127	水箱排净阀
12	HV112	高位槽进口阀	28	HV128	层流出口阀
13	HV113	层流进口压力阀	29	HV129	高位槽溢流阀
14	HV114	层流进口压力阀	30	HV130	计量槽排净阀
15	HV115	局部阀	31	HV131	恒温槽排净阀
16	HV116	粗糙管进口压力阀	32	HV132	出口总阀 2

表 3 – 5   主要设备、仪表编号及参数

序号	位号	说明	序号	位号	说明
1	TI101	温度指示	11	V101	计量水桶
2	PI101	压力显示	12	V102	恒温水槽
3	PI102	压力显示	13	V103	原料槽
4	MI101	功率显示	14	V104	高位槽
5	SI101	转速显示	15	V101	计量水桶
6	FI101	流量显示	16	P:	Pressure 压力
7	DG101	密度显示	17	I:	Indicator 指示
8	XG101	黏度显示	18	C:	Control 控制
9	PDI102	远程压力显示	19	F:	Flowrate 流量
10	PDG101	现场（就地）压力显示	20	L:	Level 液位

四、实验步骤

粗糙管特性实验

1. 泵启动   打开水槽进水阀 HV126，向水槽进水至其容积的 3/4 左右（液位高度 220mm 左右）；打开总电源和仪表开关，打开阀门 HV101、HV103 和排气阀 HV124，启动离心泵 P101，打开泵出口阀 HV105。

2. 管路排气   打开设备所有管路阀门，开大出口阀 HV105，使流体充满全管路，当排气阀有水流出时，保持出口阀 HV105 处于开的状态，先关闭排气阀 HV124，再关闭其他管路阀门。

3. 实验管路选择粗糙管   待电机转动平稳后，选择实验管路——粗糙管，打开粗糙管进口阀 HV108，对应的进出口压力阀打开 HV116、HV120，保持全流量流动 7～12 分钟。

4. 流量调节   调节管路出口阀 HV125 开度，调节流量到一定值（流量从 0.3～5m³/h 范围内变化），保持此流量下 10～15 分钟，观察流量和管道差压，数据基本稳定时，进行下一组数据（可以通过旁路阀，对流量进行精细调节）。

5. 数据记录   记录 5～6 组实验后，实验结束，换其他管路（光滑管、异型管、局部阻力管、层流管）进行实验。

6. 实验结束   先关闭泵出口阀 HV105，在仪表控制柜上停止离心泵 P101。清空管路及离心泵中的水，仪表归零，装置复原，关闭总电源。

五、注意事项

1. 实验前需进行灌泵操作，以防止离心泵气缚。定期对泵进行保养，防止叶轮被固体颗粒损坏。

2. 两个差压变送器保持常开，当差压小于 5kPa 时，读取小差压变送器的数值，计算更准确。

3. 在小流速范围内多安排几个实验点，大流速范围内少安排几个实验点，保障实验点能正确地测定 λ 与 Re 的关系。

六、实验记录及数据处理

表 3-6 流体流动阻力测定原始数据记录表

序号	光滑管		粗糙管		局部阻力管(闸阀)		异型管	
	$d=$ mm		$d=$ mm		$d=$ mm		$d_{min}=$ mm	
	$V/(m^3/h)$	$\Delta P_f/kPa$	$V/(m^3/h)$	$\Delta P_f/kPa$	$V/(m^3/h)$	$\Delta P_f/kPa$	$V/(m^3/h)$	$\Delta P/kPa$
1								
2								
...								
8								

水温：　℃

表 3-7 流体流动阻力测定实验数据计算表

序号	光滑管		粗糙管		局部阻力管(闸阀)		异型管	
	$u/(m/s)$	Re_1	$u/(m/s)$	Re_2	$u/(m/s)$	ξ_1	$u/(m/s)$	ξ_2
1								
2								
...								
8								
	相对粗糙度 =		相对粗糙度 =		ξ_1 平均 =		ξ_2 平均 =	

七、实验报告

1. 根据粗糙管实验结果，在双对数坐标纸上标绘出 $\lambda - Re$ 曲线，对照化工原理教材上有关曲线图，估算该管的相对粗糙度和绝对粗糙度。

2. 根据光滑管实验结果，对照柏拉修斯方程，计算其误差。

3. 根据局部阻力实验结果，求出闸阀全开时的平均 ξ 值。

4. 对实验数据进行误差分析，评价实验数据和结果的误差，并分析原因。

答案解析

1. 以水为工作介质所测得的直管摩擦系数与雷诺数的关系适用于（　）

　　A. 牛顿流体　　　　　B. 非牛顿流体　　　　C. 只适用于水　　　　D. 任何流体

2. 在流体阻力的测定实验中，主要误差来源是（　）

　　A. 管路的粗糙度　　　B. 离心泵的扬程　　　C. 压差计的示值　　　D. 流体的温度

3. 流体阻力的测定实验中，测定的数据不包括（　）

　　A. 流量　　　　　　　B. 压差　　　　　　　C. 温度　　　　　　　D. 流速

4. 流体阻力的测定实验中，压差计的左右进水阀没有打开，会出现的现象是（　）

　　A. 压差偏大　　　　　B. 压差偏小　　　　　C. 无压差　　　　　　D. 无影响

5. 流体流动阻力实验中，在对装置做排气工作时，流程尾部的出口阀应该（　　）

    A. 打开   B. 关闭

    C. 半开   D. 打开和关闭对实验均无影响

6. U 型压差计不可能测出的值为（　　）

    A. 表压   B. 真空度   C. 压强差   D. 绝对压

7. 涡轮流量计安装时应该（　　）

    A. 水平   B. 垂直   C. 倾斜   D. 都可以

8. 同样流量下，弯管与直管上产生的压差有区别吗？以下说法正确的是（　　）

    A. 有区别，前者产生的是局部阻力，后者产生的是沿程阻力

    B. 有区别，前者产生的是沿程阻力，后者产生的是局部阻力

    C. 没有区别，二者产生的都是局部阻力

    D. 没有区别，二者产生的都是沿程阻力

9. 流体在等径水平直管中流动，压差计的读数 R 反映了（　　）

    A. 动压头之差   B. 位头之差

    C. 静压头之差   D. 动压头与静压头之和的压差

10. 流体流过转子流量计时的压强降随其流量增大而（　　）

    A. 增大   B. 减少   C. 不变   D. 不确定

书网融合……

题库

第三节　恒压过滤常数测定实验 微课

PPT

一、实验目的

1. 掌握测定过滤常数 K、q_e、τ_e 及压缩性指数 s 的方法；通过恒压过滤实验，验证过滤基本理论的方法。

2. 熟悉板框压滤机的构造和操作方法。

3. 了解过滤压力对过滤速率的影响。

二、基本原理

过滤分为深层过滤和滤饼过滤，滤饼过滤是在外力的作用下，悬浮液中的液体通过固体颗粒层（即滤饼层）而固体颗粒被截留下来形成滤饼层，从而实现固、液分离。过滤操作本质上是流体通过固体颗粒层的流动，固体颗粒层（滤饼层）的厚度随着过滤的进行不断增加，故在恒压过滤操作中，过滤速度将不断降低。

过滤速度 u 定义为单位时间通过单位过滤面积的滤液量。影响过滤速度的主要因素有：过滤推动力（压强差）Δp、滤饼厚度 L、滤饼和悬浮液的性质、悬浮液温度、过滤介质的阻力等。

过滤时滤液通过滤饼层和过滤介质的流动形态基本上处于层流流动范围内，因此，可利用流体通过固定床做层流流动的简化模型得到如下关系。

$$u = \frac{dV}{Ad\tau} = \frac{dq}{d\tau} = \frac{A\Delta p^{(1-s)}}{\mu \cdot r \cdot C(V+V_e)} \tag{3-20}$$

式中，u，过滤速度，m/s；V，通过的滤液量，m³；A，过滤面积，m²；τ，过滤时间，s；q，通过单位过滤面积的滤液量，m³/m²；Δp，过滤压力（过滤推动力）pa；S，滤饼压缩指数，无量纲；M，滤液的黏度，Pa·s；r，滤饼比阻，1/m²；C，单位滤液体积的滤饼体积，m³/m³；V_e，过滤介质的当量滤液体积，m³。

对于一定的悬浮液，在恒温和恒压下过滤时，μ、r、C 和 Δp 都恒定，令

$$K = \frac{2\Delta p^{(1-s)}}{\mu \cdot r \cdot C} \tag{3-21}$$

式（3-20）可改写为

$$\frac{dV}{d\tau} = \frac{KA^2}{2(V+V_e)} \tag{3-22}$$

式中，K，过滤常数，由物料特性及过滤压差所决定，m²/s。

将式（3-22）分离变量积分，整理得

$$\int_{V_e}^{V+V_e} (V+V_e)d(V+V_e) = \frac{1}{2}KA^2\int_0^\tau d\tau \tag{3-23}$$

即

$$V^2 + 2VV_e = KA^2\tau \tag{3-24}$$

将式（3-23）的积分限改为从 0 到 V_e 和从 0 到 τ_e 积分，则

$$V_e^2 = KA^2\tau_e \tag{3-25}$$

将式（3-24）和式（3-25）相加，可得

$$(V+V_e)^2 = KA^2(\tau + \tau_e) \tag{3-26}$$

式中，τ_e，虚拟过滤时间，相当于滤出滤液量 V_e 所需时间，s。

再将式（3-26）微分，得

$$2(V+V_e)dV = KA^2d\tau \tag{3-27}$$

将式（3-27）写成差分形式，并用 q_e 代替 V_e，则：

$$\frac{\Delta\tau}{\Delta q} = \frac{2}{K}\bar{q} + \frac{2}{K}q_e \tag{3-28}$$

式中，Δq，每次测定的单位过滤面积滤液体积（在实验中一般等量分配），m³/m²；$\Delta\tau$，每次测定的滤液体积 Δq 所对应的时间，s；$\bar{q}$，相邻两个 q 值的平均值，m³/m²。

以 $\Delta\tau/\Delta q$ 为纵坐标、$\bar{q}$ 为横坐标，将式（3-28）标绘成一直线，可得该直线的斜率和截距，

斜率：

$$S = \frac{2}{K}$$

截距：

$$I = \frac{2}{K}q_e$$

则

$$K = \frac{2}{S}, \text{m}^2/\text{s}$$

$$q_e = \frac{KI}{2} = \frac{I}{S}, \text{m}^3$$

$$\tau_{e} = \frac{q_{e}^{2}}{K} = \frac{I^{2}}{KS^{2}}, s$$

改变过滤压差 ΔP，可测得不同的 K 值，对 K 的定义式（3−21）两边取对数得

$$\lg K = (1-S)\lg(\Delta p) + B \tag{3−29}$$

在实验压差范围内，若 B 为常数，则 $\lg K - \lg(\Delta p)$ 的关系在直角坐标上应是一条直线，斜率为 $(1-S)$，可得滤饼压缩指数 S。

三、实验装置与流程

本实验装置与流程可见图 3−6、3−7、3−8 和表 3−8。

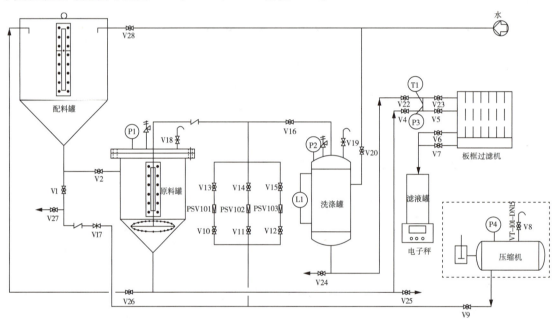

图 3−6　恒压过滤常数测定实验装置流程示意图

图 3−7　恒压过滤常数测定实验装置图

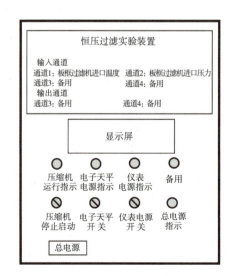

图 3−8　恒压过滤实验装置控制仪图

表 3 – 8　实验装置设备表

序号	位号	名称	规格、型号
1		配料罐	不锈钢立式贮罐，ϕ426mm×770mm，容积70L，带标尺，顶部带盖，常压操作，气动搅拌
2		原料罐	不锈钢立式贮罐，ϕ325mm×500mm，容积25L，高强玻璃视镜
3		洗涤罐	不锈钢立式贮罐，ϕ219mm×400mm，容积12L
4		板框过滤机	滤框容积0.28~0.56L，框厚度25mm，过滤面积0.024m^2，3板2框，其中一块洗涤板，两块非洗涤板，采用800目工业滤布
5		滤液罐	不锈钢水桶，直径25cm，高度25cm
6		空气压缩机	风量0.06m^3/min，最大气压0.8MPa
7		电子秤	最大称重：15kg，最小分辨率：1g
8	P1	原料罐压力表	就地压力表
9	P2	洗涤罐压力表	就地压力表
10	P3	过滤机入口压力变送器	压力变送器
11	P4	空气压缩机出口压力表	就地压力表
12	T1	板框过滤机入口温度计	铂电阻

四、实验步骤

1. 实验准备

（1）打开总电源和仪表电源

（2）配料　在配料罐内配制10%~30%（w,%）CaCO$_3$的水悬浮液，碳酸钙由天平称重，水位高度按标尺示意，筒身直径400mm。配制时，应将配料罐底部阀门关闭。

（3）搅拌　开启空压机，将压缩空气通入配料罐（空压机的出口小球阀V9保持半开，进入配料罐的两个阀门V17和V1保持适当开度），使CaCO$_3$悬浮液搅拌均匀。搅拌时，应将配料罐的顶盖合上。

（4）设定压力　分别打开进原料灌的三路阀门V10、V11、V12，来自空压机的压缩空气经各定值调节阀分别设定为0.1MPa、0.15MPa和0.2MPa（出厂已设定，实验时不需要再调压）。设定定值调节阀时，原料灌泄压阀可略开。

（5）装板框　正确装好滤板、滤框及滤布（注意板框安装顺序和方向）。滤布使用前用水浸湿，滤布要绷紧，不能起皱。滤布紧贴滤板，密封垫贴紧滤布（注意：用螺旋压紧时，千万不要把手指压伤，先慢慢转动手轮使板框合上，然后再压紧）。

（6）灌清水　打开V20，向清水罐通入自来水，水面到达液位计2/3高度左右。灌清水时，应将安全阀处的泄压阀打开。

（7）灌料　在原料罐泄压阀打开的情况下，打开配料罐和原料罐间的进料阀门V2，使料浆自动由配料桶流入原料罐至其视镜1/2~2/3处，关闭进料阀门。

2. 过滤操作

（1）鼓泡　通压缩空气至原料罐（打开V13、V14、V15其中一个），使容器内料浆不断搅拌，原料罐的排气阀V18应不断排气，但又不能喷浆。

（2）控制压力　通过调节排气阀V18，控制原料罐压力稳定在0.1MPa（或0.15MPa或0.2MPa）。

（3）过滤　将中间双面板下通孔切换阀开到通孔通路状态。打开进板框前料液进口的两个阀门V4和V5，打开出板框后清液出口球阀V6。此时，压力表指示过滤压力，清液出口流出滤液。

（4）每次实验应在滤液从汇集管刚流出的时候作为开始时刻，每次ΔV取800ml左右。记录相应的过滤时间$\Delta\tau$。每个压力下，测量8~10个读数即可结束实验。若欲得到干而厚的滤饼，则应做到没有清液流出为止。量筒交换接滤液时不要流失滤液，等量筒内滤液静止后读出 ΔV 值（注意：ΔV 约 800ml 时替换量筒，这时量筒内滤液量并非正好 800ml。要事先熟悉量筒刻度，不要打碎量筒，此外，要熟练双秒表轮流读数的方法）。

（5）指定压力下的过滤实验结束后，先打开泄压阀使原料罐泄压。卸下滤框、滤板、滤布进行清洗，清洗时滤布不要折。每次滤液及滤饼均收集在小桶内，滤饼弄细后重新倒入料浆桶内搅拌配料，进入下一个压力实验。注意若清水罐量不足，及时补充水，补水时需打开该罐的泄压阀。

3. 清洗过程

（1）关闭板框过滤的进出阀门 V3、V4、V5 和 V6。将中间双面板下通孔切换阀开到通孔关闭状态（阀门手柄与滤板平行为过滤状态，垂直为清洗状态）。

（2）打开清洗液进入板框的进出阀门 V21、V22、V23 和 V7。此时，压力表指示清洗压力，清液出口流出清洗液。清洗液速度比同压力下过滤速度小很多。

（3）清洗液流动约 1 分钟，可观察浑浊变化判断结束。一般物料可不进行清洗过程。结束清洗过程，关闭清洗液进出板框的阀门 V21、V22、V23 和 V7，关闭定值调节阀后进气阀门（V13、V14、V15）。

4. 实验结束

（1）打开 V3 和 V26，原料罐泄压前将原料罐内物料反压到配料罐内备下次使用，或将该二罐物料直接排空后用清水冲洗。

（2）先关闭空压机出口球阀 V9，关闭空压机电源。

（3）打开安全阀处泄压阀 V18 和 V19，使原料罐和洗涤罐泄压。

（4）卸下滤框、滤板、滤布进行清洗，清洗时滤布不要折。

五、注意事项

1. 将压缩空气通入配料罐时，空压机的出口小球阀 V9 缓慢打开，防止压力过大，使配料罐中的液体飞溅。

2. 本装置可以通过电子秤和控制面板上的计时器，显示滤液质量和累积时间，将滤液质量按清水折算成滤液体积。

六、实验记录及数据处理

表 3-9　恒压过滤常数测定实验原始数据记录表

装置号：＿＿＿＿＿			实验介质：$CaCO_3$、水、空气				
过滤压力	$\Delta P=$　MPa		$\Delta P=$　MPa		$\Delta P=$　MPa	
项目 序号	滤液体积 $\Delta V/ml$	过滤时间 $\Delta \tau/s$	滤液体积 $\Delta V/ml$	过滤时间 $\Delta \tau/s$	滤液体积 $\Delta V/ml$	过滤时间 $\Delta \tau/s$
1						
2						
3						
...						

过滤面积：$A=$

表 3-10　恒压过滤常数测定实验数据计算表（1）

过滤压力	$\Delta P=$ MPa			$\Delta P=$ MPa			$\Delta P=$ MPa		
项目 序号	$\Delta q/$ (m^3/m^2)	$\Delta\tau/\Delta q/$ $(s\cdot m^2/m^3)$	$\bar{q}$	$\Delta q/$ (m^3/m^2)	$\Delta\tau/\Delta q/$ $(s\cdot m^2/m^3)$	$\bar{q}$	$\Delta q/$ (m^3/m^2)	$\Delta\tau/\Delta q/$ $(s\cdot m^2/m^3)$	$\bar{q}$
1									
2									
…									
K 值	$K_1=$			$K_2=$			$K_3=$		

表 3-11　恒压过滤常数测定实验数据计算表（2）

序号	过滤压力 $\Delta P/MPa$	过滤常数 $K/(m^2/s)$	$q_e/(m^3/m^2)$	τ_e/s	$\lg K$	$\lg\Delta P$
1						
2						
3						

压缩性指数 $S=$

七、实验报告

1. 由恒压过滤实验数据求过滤常数 K、q_e、τ_e。

2. 比较几种压力下的 K、q_e、τ_e 值，讨论压力变化对各参数数值的影响。

3. 在直角坐标纸上绘制 $\lg K - \lg\Delta p$ 关系曲线，求出 S。

4. 实验结果分析与讨论。

目标检测

答案解析

1. 滤饼过滤中，过滤介质常用多孔织物，其网孔尺寸比被截留的颗粒直径（　　）

　　A. 一定小　　　　　　B. 一定大　　　　　　C. 不一定小　　　　　　D. 不确定

2. 恒压过滤时，欲增加过滤速度，可采取的措施有（　　）

　　A. 添加助滤剂　　　　　　　　　　　　B. 控制过滤温度和滤饼厚度

　　C. 选择合适的过滤介质　　　　　　　　D. 以上都对

3. 深层过滤中，固体颗粒尺寸比介质空隙（　　）

　　A. 大　　　　　　　　B. 小　　　　　　　　C. 等于　　　　　　　　D. 无法确定

4. 不可压缩滤饼是指（　　）

　　A. 滤饼中含有细微颗粒，黏度很大

  B. 滤饼空隙率很小，无法压缩

  C. 滤饼的空隙结构不会因操作压差的增大而变形

  D. 组成滤饼的颗粒不可压缩

5. 助滤剂是（ ）

  A. 坚硬而形状不规则的小颗粒   B. 软而形状不规则的小颗粒

  C. 坚硬的球形颗粒   D. 松软的球形颗粒

6. 下面板框压滤机实验操作顺序正确的是（ ）

  A. 组装-过滤-卸渣-清理   B. 过滤-组装-清理-卸渣

  C. 组装-清理-过滤-卸渣   D. 组装-卸渣-过滤-清理

7. 下面关于影响过滤速率的主要因素中，正确的是（ ）

  A. 压强差，过滤面积，流体的性质，颗粒的性质

  B. 压强差，过滤面积，滤框的形状，颗粒的性质

  C. 压强差，过滤面积，流体的性质，输送滤浆的管径

  D. 压强差，滤液流出截面积，流体的性质，颗粒的性质

8. 过滤实验在板框清理时，以下操作错误的是（ ）

  A. 松开压紧螺旋，将板框拆开

  B. 用自来水将滤布和板框冲洗干净

  C. 重新将板框组装好

  D. 将接取的滤液倒回混料槽准备下一个压力等级的实验

9. 过滤实验的数据处理时，第一次接取的滤液量为 800ml，所用时间 50 秒，第二次接取滤液量 750ml，所用时间 60 秒，则记录的第二组数据滤液体积和过滤时间分别为（ ）

  A. 1550ml、100 秒   B. 1500ml、110 秒

  C. 1550ml、110 秒   D. 1500ml、120 秒

10. 过滤实验开始时，滤液常常有一点浑浊，过段时间才变清的原因是（ ）

  A. 滤布有破损   B. 板框没有压紧

  C. 过滤压力过大   D. 过滤初期滤饼没有形成

书网融合……

题库

微课

第四节 综合传热实验 微课

PPT

一、实验目的

  1. 掌握空气在光滑管内和强化传热管内的对流传热系数测定方法，并比较它们的数值大小；蒸汽冷凝的传热系数测定方法以及蒸汽的循环系统；空气冷却的传热系统测定方法以及空气的循环系统；水

蒸气在水平管外壁的冷凝传热系数测定方法。

2. 熟悉蒸汽发生器的操作原理以及蒸汽的安全联锁保护。

3. 了解流量计、温度传感器的工作原理和使用方法；温度、加热功率、空气流量的自动控制原理和使用方法。

二、基本原理

在工业生产过程中，通常情况下，冷、热流体系通过固体壁面（传热元件）进行热量交换，称为间壁式传热。如图 3-9 所示，间壁式传热过程由热流体对固体壁面的对流传热、固体壁面的热传导和固体壁面对冷流体的对流传热所组成。

间壁式传热元件，在传热过程达到稳态后，有

$$Q = m_1 c_{p1}(T_1 - T_2) = m_2 c_{p2}(t_2 - t_1) = \alpha_1 A_1 (T - T_W)_M = \alpha_2 A_2 (t_W - t)_m \tag{3-30}$$

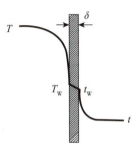

图 3-9 间壁式传热过程示意图

式中，Q，传热量，J/s；m_1，热流体的质量流率，kg/s；c_{p1}，热流体的比热，J/(kg·℃)；T_1，热流体的进口温度，℃；T_2，热流体的出口温度，℃；m_2，冷流体的质量流率，kg/s；c_{p2}，冷流体的比热，J/(kg·℃)；t_1，冷流体的进口温度，℃；t_2，冷流体的出口温度，℃；α_1，热流体与固体壁面的对流传热系数，W/(m²·℃)；A_1，热流体侧的对流传热面积，m²；$(T - T_W)_m$，热流体与固体壁面的对数平均温差，℃；α_2，冷流体与固体壁面的对流传热系数，W/(m²·℃)；A_2，冷流体侧的对流传热面积，m²；$(t_W - t)_m$，固体壁面与冷流体的对数平均温差，℃。

热流体与固体壁面的对数平均温差可由式（3-31）计算。

$$(T - T_W)_m = \frac{(T_1 - T_{W1}) - (T_2 - T_{W2})}{\ln \dfrac{T_1 - T_{W1}}{T_2 - T_{W2}}} \tag{3-31}$$

式中，T_{W1}，热流体进口处热流体侧的壁面温度，℃；T_{W2}，热流体出口处热流体侧的壁面温度，℃。

固体壁面与冷流体的对数平均温差可由式（3-32）计算。

$$(t_W - t)_m = \frac{(t_{W1} - t_1) - (t_{W2} - t_2)}{\ln \dfrac{t_{W1} - t_1}{t_{W2} - t_2}} \tag{3-32}$$

式中，t_{W1}，冷流体进口处冷流体侧的壁面温度，℃；t_{W2}，冷流体出口处冷流体侧的壁面温度，℃。

在本装置的套管换热器中，换热桶内通水蒸气，内铜管管内通冷空气，水蒸气在铜管表面冷凝放热而加热冷空气，在传热过程达到稳定后，有如下关系式。

$$V\rho C_P(t_2 - t_1) = \alpha_2 A_2 (t - t_W)_m \tag{3-33}$$

式中，V，冷流体体积流量，m³/s；ρ，冷流体密度，kg/m³；C_P，冷流体比热，J/(kg·℃)；t_1、t_2，冷流体进、出口温度，℃；α_2，冷流体对内管内壁的对流给热系数，W/(m²·℃)；A_2，内管的内壁传热面积，m²；$(t_W - t)_m$，内壁与流体间的对数平均温度差，参照式（3-32）计算，℃；当内管材料导热性能很好，即 λ 值很大，且管壁厚度很薄时，可认为 $T_{w1} = t_{w1}$，$T_{w2} = t_{w2}$，即为所测得的该点的壁温，则由式（3-30）可得：

$$\alpha_2 = \frac{V\rho C_P(t_2 - t_1)}{A_2 (t_W - t)_m} \tag{3-34}$$

式中，α，流体与固体壁面的对流传热系数，W/(m²·℃)；d，换热管内径，m；λ，流体的导热系数，W/(m·℃)；u，流体在管内流动的平均速度，m/s；ρ，流体的密度，kg/m³；μ，流体的黏度，Pa·s；c_p，流体的比热，J/(kg·℃)。

若能测得被加热流体的 V、t_1、t_2，内管的换热面积 A_2，壁温 t_{w1}、t_{w2}，则可通过式（3 – 34）算得实测的冷流体在管内的对流给热系数 α_2。

对于流体在圆形直管内作强制湍流对流传热时，传热准数经验式为

$$Nu = 0.023\, Re^{0.8} Pr^n \tag{3 – 35}$$

式中，Nu，努塞尔数，$Nu = \dfrac{\alpha d}{\lambda}$，无因次；Re，雷诺数，$Re = \dfrac{du\rho}{\mu}$，无因次；Pr，普兰特数，$Pr = \dfrac{c_p\mu}{\lambda}$，无因次。

上式适用范围为：$Re = 1.0 \times 10^4 \sim 1.2 \times 10^5$，$Pr = 0.7 \sim 120$，管长与管内径之比 $L/d \geqslant 60$。当流体被加热时 $n = 0.4$，流体被冷却时 $n = 0.3$。

由实验获取的数据点拟合出相关准数后，即可作出曲线，并与经验公式的曲线对比以验证实验效果。

三、实验装置与流程

本实验装置与流程可见图 3 – 10、3 – 11、3 – 12 和表 3 – 12。

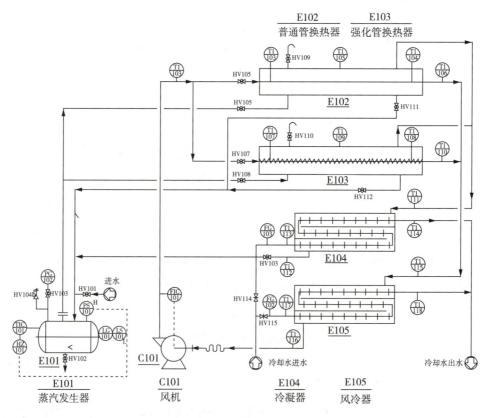

图 3 – 10　传热实验装置流程示意图

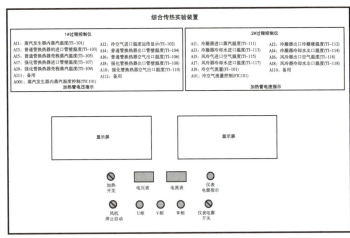

图 3-11　传热实验装置图　　　　　　　图 3-12　传热实验控制仪图

实验装置由蒸汽发生器、风机、套管换热器（光滑管与强化管）、冷凝器、风冷器及温度传感器、温度显示仪表、压力显示仪表、流量显示仪表等构成。装置参数中：紫铜管规格 25mm×1.5mm，即内径为 22mm，长度为 1.0m。测量仪表采用 PT100 热电阻温度计测量温度，由多路巡检表以数值形式显示。气源（鼓风机）又称旋涡气泵，XGB-12 型，电机功率约 0.55kW。

本装置主要研究汽-气综合换热，采用夹套式换热器（包括普通管和加强管）。对于夹套式换热器，水蒸气和空气通过紫铜管间接换热，空气走紫铜管内，水蒸气走紫铜管外，采用并流换热。所谓加强管，是在紫铜管内加弹簧，增大了绝对粗糙度，进而增大了空气流动的湍流程度，使换热效果更明显（注：分析管路上疏水器的作用）。

对于风冷器和冷凝器，来自夹套换热器壳程的蒸汽进入冷凝器壳程，与翅片式换热管内的冷却水换热后，蒸汽冷凝水返回到蒸汽发生器内；来自夹套换热器管程的空气进入风冷器壳程，与翅片式换热管内的冷却水换热后，空气返回到风机进口。设备主要技术数据见表 3-12。

表 3-12　实验装置结构参数

实验装置项目	参数值
实验内管内径 d_i/mm	20.00
实验内管外径 d_o/mm	22.0
实验外管内径 D_i/mm	50
实验外管外径 D_o/mm	57.0
测量段（紫铜内管）长度 L/m	1.00
加热釜操作电压 V/V	≤200

四、实验步骤

1. 套管换热器实验

（1）检查仪表、风机、蒸汽发生器及测温点是否正常。

（2）通过 HV01 向蒸汽发生器内加水至其液位的 1/2~3/4；关闭阀门，在仪表控制柜（或电脑监控软件）上，启动蒸汽发生器加热系统，加热开度为 50%，5 分钟后，可将加热功率开度调到 100%。

（3）普通管实验，打开普通管蒸汽进口阀 HV106、普通管空气进口阀 HV105，保证普通管换热器管路畅通。

（4）在仪表控制柜将蒸汽发生器加热系统，设定为自动，控制蒸汽发生器内温度101.8℃（加热大概10分钟），待蒸汽发生器内温度高于95℃，在仪表控制柜上启动风机按钮，并在控制仪表上，设置风机流量自动，最大流量75m³/h；同时，打开阀门HV114和HV115，向冷凝器和风冷器进冷却水，冷却水流量大概9L/min。

（5）注意观察蒸汽发生器内压力，稳定状态6kPa左右，若压力偏高，通过打开或关闭普通管换热器放空阀HV109调节，待压力下降即可关闭。

（6）待冷风出口温度稳定（2~5分钟基本不变），记录普通管换热器进出口所有温度、风的流量、冷凝器和风冷器进出口温度以及冷却水流量，整个换热稳定过程需要10~15分钟。

（7）在仪表控制柜的仪表上，调节风的流量10~75m³/h，记录6组数据。

（8）关闭阀门HV105和HV106，打开阀门HV107和HV108，切换换热管，由普通管到强化管。

（9）重复操作(4)~(7)，调节风的流量10~35m³/h，记录6组数据。

（10）实验结束，首先关闭蒸汽发生器加热系统，待套管换热器冷风出口温度低于40℃后，关闭风机、仪表电源开关及切断总电源。

五、注意事项

1. 操作过程中，蒸汽压力一般控制在10kPa（表压）以下。

2. 测定各参数时，必须是在稳定传热状态下，并且随时注意惰性气体的排空和压力表读数的调整。一般热稳定时间都至少保障10分钟以上，以保证数据的可靠性。

六、实验记录及数据处理

表3-13 空气-蒸汽对流给热系数测定实验原始数据记录表（普通管）

项目	序号					
	1	2	3	4	5	6
热蒸汽 T_s/℃						
冷空气 t_1/℃						
冷空气 t_2/℃						
管壁进口温度 T_{w1}/℃						
管壁出口温度 T_{w2}/℃						
冷却水进口 t_1/℃						
冷却水出口 t_2/℃						
风冷气进口 t_1/℃						
风冷气出口 t_2/℃						
冷空气流量 V/(m³/h)						
蒸汽压力 P/MPa						

换热管管长=　　　m，管内径=　　　mm，　　室温：T=　　　℃

表3-14 空气-蒸汽对流给热系数测定实验原始数据记录表（强化管）

项目	序号					
	1	2	3	4	5	6
热蒸汽 T_s/℃						
冷空气 t_1/℃						

续表

项目	序号					
	1	2	3	4	5	6
冷空气 t_2/℃						
管壁进口温度 T_{w1}/℃						
管壁出口温度 T_{w2}/℃						
冷却水进口 t_1/℃						
冷却水出口 t_2/℃						
风冷气进口 t_1/℃						
风冷气出口 t_2/℃						
冷空气流量 V/(m³/h)						
蒸汽压力 P/MPa						

换热管管长 =　　　m，管内径 =　　　mm，　　　室温：T =　　　℃

表 3-15　空气-蒸汽对流给热系数测定实验数据处理表（普通管）

项目		序号					
		1	2	3	4	5	6
空气平均温度 t_m/℃							
空气入口处流量 V_{t1}/(m³/h)							
空气平均流量 V_{tm}/(m³/h)							
空气平均流速 u_{tm}/(m/s)							
空气在平均温度下的物理性质	ρ_{tm}/(kg/m³)						
	μ_{tm}/(Pa·s)						
	λ_{tm}/[W/(m·℃)]						
	$c_{p,tm}$/[kJ/(kg·℃)]						
空气进出口温差 (t_2-t_1)/℃							
空气获得的热量 Q/W							
空气侧对流传热系数 α_i[W/(m²·℃)]							
Re							
lnRe							
Nu							
Nu/Pr^0.4							
lnNu/Pr^0.4							

表 3-16　空气-蒸汽对流给热系数测定实验数据处理表（强化管）

项目		序号					
		1	2	3	4	5	6
空气平均温度 t_m/℃							
空气入口处流量 V_{t1}/(m³/h)							
空气平均流量 V_{tm}/(m³/h)							
空气平均流速 u_{tm}/(m/s)							
空气在平均温度下的物理性质	ρ_{tm}/(kg/m³)						
	μ_{tm}/(Pa·s)						
	λ_{tm}/[W/(m·℃)]						
	$c_{p,tm}$/[kJ/(kg·℃)]						

续表

项目	序号					
	1	2	3	4	5	6
空气进出口温差$(t_2 - t_1)$/℃						
空气获得的热量 Q/W						
空气侧对流传热系数 α_i/$[W/(m^2 \cdot ℃)]$						
Re						
lnRe						
Nu						
$Nu/Pr^{0.4}$						
$lnNu/Pr^{0.4}$						
传热强化比 Nu/Nu_0						

七、实验报告

1. 采用近似法计算不同空气流量下空气–水蒸气对流传热系数（普通管、强化管）。

2. 采用准数法计算不同空气流量下空气–水蒸气对流传热系数，并与近似法计算值进行比较。

3. 绘制以 $\ln \dfrac{Nu}{Pr^{0.4}}$ 为纵坐标，lnRe 为横坐标的双对数坐标图，并与教材中的准数关联式比较分析。

4. 应用线性回归分析方法，确定关联式 $Nu = ARe^m Pr_i^{0.4}$ 中常数 A、m 的值。

5. 计算强化传热的强化比。

目标检测

答案解析

1. 在传热实验中，你认为对强化传热在工程中是可行的方案是（　　）

　　A. 提高空气的流速　　　　　　　　　　B. 提高蒸汽的压强

　　C. 采用过热蒸汽以提高传热温差　　　　D. 在蒸汽侧管壁上加装翅片

2. 依据光滑管和螺纹管的给热系数实验结果的计算值，判断（　　）的传热效率高

　　A. 光滑管的传热效率高　　　　　　　　B. 螺纹管的传热效率高

　　C. 两种管的传热效率都高　　　　　　　D. 实际测定才能确定

3. 确定螺纹列管式换热器的传热面积的方法是（　　）

　　A. 按 $S = \pi dL$ 计算　　　　　　　　　B. $S = \pi dL$ 及螺纹管螺纹高度增加的面积

　　C. 按 $S = n\pi dL$ 计算　　　　　　　　D. $S = n\pi dL$ 及螺纹管螺纹高度增加的面积

4. 当空气流速增大时，空气离开热交换器时的温度变化情况是（　　）

　　A. 温度比原来流速降低　　　　　　　　B. 温度比原来流速升高

　　C. 温度没有变化　　　　　　　　　　　D. 不一定

5. 整个实验中要求维持蒸汽压力恒定的原因是（　　）

　　A. 可以保证热流体温度恒定　　　　　　B. 可以保证热流体流量充分

　　C. 可以保证热流体流量恒定　　　　　　D. 可以保证热流体稳定

6. 螺纹管传热效率高的原因是（　　）

    A. 促使流体形成螺旋状流动，离心力增强传热效率

    B. 凹凸起伏的螺纹管壁增强流体湍动性提高传热效率

    C. 螺纹管的表面积更大些

    D. 以上各条都是

7. 在蒸汽–空气传热实验中，作为确定物性参数的定性温度应该是（　　）

    A. 空气进口和出口温度的平均值　　　　B. 空气进口温度

    C. 空气出口温度　　　　　　　　　　　D. 蒸汽温度

8. 传热实验中，套管换热器上方排气阀的作用是（　　）

    A. 排放多余的蒸汽　　　　　　　　　　B. 排放空气

    C. 排放不凝性气体　　　　　　　　　　D. 平衡换热器内外压力

9. 传热实验结束后，要先关蒸汽，再关鼓风机，这样操作的原因是（　　）

    A. 防止换热器内压力过高

    B. 为了保护风机，防止风机温度过高

    C. 让风机输送的冷空气尽快将热量带走，使系统恢复常温

    D. 保护蒸汽发生器，防止压力过高

10. 传热实验时，维持加热蒸汽压恒定的主要原因是（　　）

    A. 保障蒸汽进口的温度恒定，热量衡算时减小误差

    B. 保护蒸汽发生器，防止损坏

    C. 保护风机，防止损坏

    D. 保障空气进口温度稳定，热量衡算时减小误差

书网融合……

　　　　题库　　　　　　　微课

第五节　筛板塔精馏过程实验 微课

PPT

一、实验目的

1. 掌握精馏过程的基本操作方法；掌握测定塔顶、塔釜溶液浓度的实验方法。

2. 了解原料进料热状况 q 对精馏塔全塔效率和单板效率的影响；了解筛板精馏塔及其附属设备的基本结构。

3. 学会判断系统达到稳定的方法；学会测定精馏塔全塔效率和单板效率的实验方法；学会分析回流比对精馏塔分离效率的影响。

二、基本原理

1. 全塔效率 E_T　全塔效率又称总板效率，是指达到指定分离效果所需理论板数与实际板数的比值，即：

$$E_T = \frac{N_T - 1}{N_P} \tag{3-36}$$

式中，N_T，完成一定分离任务所需的理论塔板数，包括蒸馏釜；N_P，完成一定分离任务所需的实际塔板数，本装置 $N_P = 10$。

全塔效率反映了整个塔内塔板的平均效率，说明了塔板结构、物性系数、操作状况对塔分离能力的影响。对于塔内所需理论塔板数 N_T，可由已知的双组分物系平衡关系，以及实验中测得的塔顶、塔釜馏出液的组成，回流比 R 和热状况 q 等，用图解法求得。

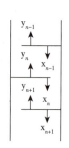

图 3-13　塔板气液流向示意

2. 单板效率 E_M　单板效率又称莫弗里板效率，如图 3-13 所示，是指气相或液相经过一层实际塔板前后的组成变化值与经过一层理论塔板前后的组成变化值之比。

按气相组成变化表示的第 n 层塔板单板效率为

$$E_{MV} = \frac{y_n - y_{n+1}}{y_n^* - y_{n+1}} \tag{3-37}$$

按液相组成变化表示的单板效率为

$$E_{ML} = \frac{x_{n-1} - x_n}{x_{n-1} - x_n^*} \tag{3-38}$$

式中，y_n、y_{n+1}，离开第 n、$n+1$ 块塔板的气相组成，摩尔分数；x_{n-1}、x_n，离开第 $n-1$、n 块塔板的液相组成，摩尔分数；y_n^*，与 x_n 成平衡的气相组成，摩尔分数；x_n^*，与 y_n 成平衡的液相组成，摩尔分数。

3. 图解法求理论塔板数 N_T　图解法又称麦卡勃-蒂列（McCabe-Thiele）法，简称 M-T 法，其原理与逐板计算法完全相同，只是将逐板计算过程在 $y-x$ 图上直观地表示出来。

精馏段的操作线方程为

$$y_{n+1} = \frac{R}{R+1} x_n + \frac{x_D}{R+1} \tag{3-39}$$

式中，y_{n+1}，精馏段第 $n+1$ 块塔板上升的蒸汽组成，摩尔分数；x_n，精馏段第 n 块塔板下流的液体组成，摩尔分数；x_D，塔顶馏出液的液体组成，摩尔分数；R，泡点回流下的回流比。

提馏段的操作线方程为

$$y_{m+1} = \frac{L'}{L'-W} x_m - \frac{W x_W}{L'-W} \tag{3-40}$$

式中，y_{m+1}，提馏段第 $m+1$ 块塔板上升的蒸汽组成，摩尔分数；x_m，提馏段第 m 块塔板下流的液体组成，摩尔分数；x_W，塔底釜液的液体组成，摩尔分数；L'，提馏段内下流的液体量，kmol/s；W，釜液流量，kmol/s。

加料线（q 线）方程可表示为

$$y = \frac{q}{q-1} x - \frac{x_F}{q-1} \tag{3-41}$$

其中，

$$q = 1 + \frac{c_{pF}(t_S - t_F)}{r_F} \tag{3-42}$$

式中，q，进料热状况参数；r_F，进料液组成下的气化潜热，kJ/kmol；t_S，进料液的泡点温度，℃；t_F，进料液温度，℃；c_{pF}，进料液在平均温度$(t_S - t_F)/2$下的比热容，kJ/(kmol·℃)；x_F，进料液组成，摩尔分数。

回流比 R 的确定

$$R = \frac{L}{D} \tag{3-43}$$

式中，L，回流液量，kmol/s；D，馏出液量，kmol/s。

式（3-43）只适用于泡点下回流时的情况，而实际操作时为了保证上升气流能完全冷凝，冷却水量一般都比较大，回流液温度往往低于泡点温度，即冷液回流。

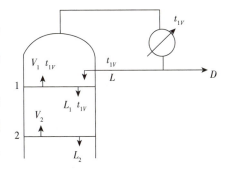

如图 3-14 所示，从全凝器出来的温度为 t_R、流量为 L 的液体回流进入塔顶第一块板，由于回流温度低于第一块塔板上的液相温度，离开第一块塔板的一部分上升蒸汽将被冷凝成液体，这样，塔内的实际流量将大于塔外回流量。

图 3-14　塔顶回流示意图

对第一块板作物料、热量衡算。

$$V_1 + L_1 = V_2 + L \tag{3-44}$$

$$V_1 I_{V1} + L_1 I_{L1} = V_2 I_{V2} + L I_L \tag{3-45}$$

对式（3-44）、式（3-45）整理、化简后，近似可得

$$L_1 \approx L\left[1 + \frac{c_p(t_{1L} - t_R)}{r}\right] \tag{3-46}$$

即实际回流比

$$R_1 = \frac{L_1}{D} \tag{3-47}$$

$$R_1 = \frac{L\left[1 + \dfrac{c_p(t_{1L} - t_R)}{r}\right]}{D} \tag{3-48}$$

式中，V_1、V_2，离开第 1、2 块板的气相摩尔流量，kmol/s；L_1，塔内实际液流量，kmol/s；I_{V1}、I_{V2}、I_{L1}、I_L，指对应 V_1、V_2、L_1、L 下的焓值，kJ/kmol；r，回流液组成下的气化潜热，kJ/kmol；c_p，回流液在 t_{1L} 与 t_R 平均温度下的平均比热容，kJ/(kmol·℃)。

（1）全回流操作　在精馏全回流操作时，操作线在 $y-x$ 图上与对角线重合，如图 3-15 所示，根据塔顶、塔釜的组成在操作线和平衡线间作梯级，即可得到理论板数。

（2）部分回流操作　部分回流操作时，图解法的主要步骤如下。

①根据物系和操作压力在 $y-x$ 图上作出相平衡曲线，并画出对角线作为辅助线。

②在 x 轴上定出 $x = x_D$、x_F、x_W 三点，依次通过这三点作垂线分别交对角线于点 a、f、b。

③在 y 轴上定出 $y_C = x_D/(R+1)$ 的点 c，连接 a、c 作出精馏段操作线。

④由进料热状况求出 q 线的斜率 $q/(q-1)$，过点 f 作出 q 线交精馏段操作线于点 d。

⑤连接点 d、b 作出提馏段操作线。

⑥从点 a 开始在平衡线和精馏段操作线之间画阶梯，当梯级跨过点 d 时，就改在平衡线与提馏段操作线之间画阶梯，直至梯级跨过点 b 为止。

⑦所画的总阶梯数就是全塔所需的理论塔板数（包含再沸器），跨过点 d 的那块板就是加料板，其上的阶梯数为精馏段的理论塔板数，见图 3-16。

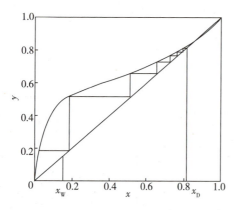

图 3 – 15   全回流时理论板数的确定

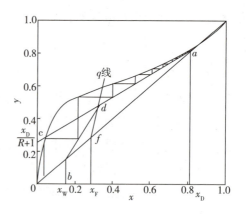

图 3 – 16   部分回流时理论板数的确定

三、实验装置和流程

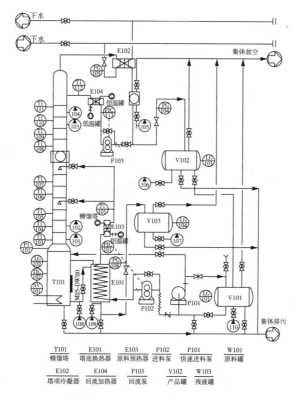

图 3 – 17   精馏实验装置流程示意图

本实验装置的主体设备是筛板精馏塔，配套的有加料系统、回流系统、换热系统、产品出料管路、残液出料管路、进料泵和一些测量、控制仪表。

筛板塔主要结构参数：塔内径 D =68mm，厚度 δ =2.5mm，塔节 φ73mm×2.5mm，塔板数 N =12 块，板间距 H_T =85mm。加料位置由下向上起数第 5 块和第 7 块。降液管采用弓形，齿形堰，堰长 56mm，堰高 7.3mm，齿深 4.6mm，齿数 9 个。降液管底隙 4.5mm。筛孔直径 d_0 =1.5mm，正三角形排列，孔间距 t =5mm，开孔数为 74 个。塔釜为内电加热式，加热功率 4.5kW，有效容积为 10L。原料预热器、回流加热器为 8 片板式蒸发器，热源来自恒温水槽热水。塔顶冷凝器为 50 层钎焊板式换热器，塔底换热器为盘管式换热器。单板取样为自下而上第 1 块、第 2 块和第 11 块、第 12 块，斜向上为液相取样口，水平管为气相取样口。

本实验料液为乙醇水溶液，釜内液体由电加热器产生蒸汽逐板上升，经与各板上的液体传质后，进入盘管式换热器壳程，冷凝成液体后再从集液器流出，一部分作为回流液从塔顶流入塔内，另一部分作为产品馏出，进入产品贮罐；残液经釜液转子流量计流入釜液贮罐。

图 3 - 18　精馏实验装置图

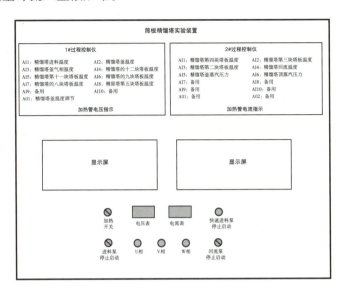

图 3 - 19　精馏实验控制仪图

四、实验步骤

1. 实验准备

（1）配制浓度 15% ~ 20%（体积百分比）的乙醇水溶液 30L，搅拌均匀后取样分析原料乙醇含量，将料液加入原料罐 V101 内。

（2）打开恒温槽加水盖板，观察槽内水位，低液位时需补充自来水。插上恒温槽电源，打开恒温槽电源总开关，在控制面板上按下"电源"按钮，设置加热温度至 90℃。

2. 塔釜进料
打开控制柜空气开关总电源，待 3 个信号灯都亮起时，打开快速进料泵进出口阀，在控制柜上启动快速进料泵开关，观察塔釜液位计高度，进料至釜容积的 2/3 处，在控制柜上关闭快速进料泵开关，关闭快速进料泵进出口阀（注意打开放空阀）。

3. 全回流

（1）在控制柜上启动电加热管加热开关，在 C7012 过程控制仪上给定加热管加热开度 50% ~ 70%，使塔釜温度缓慢上升（因塔中部玻璃部分较为脆弱，若加热过快玻璃极易碎裂，使整个精馏塔报废，故升温过程应尽可能缓慢）。

（2）观察精馏塔塔节温度，待塔节温度上升后，打开塔顶冷凝器的冷却水进口阀，调节冷却水流量至 120L/h，待冷凝液视盅有一定高度液位后，在恒温槽控制面板上按下"循环"按钮，打开回流加热器热水进口阀，对回流液进行加热。

（3）在控制柜上启动回流料泵开关（半开齿轮泵旁路阀），调节回流流量至 10L/h 左右，调节回流加热器热水进口阀开度，控制回流温度稳定在 78℃左右，使整塔处于全回流状态。

（4）全回流 5 分钟左右，当塔顶温度、回流量和塔釜温度稳定后，分别取塔顶浓度 X_D 和塔釜浓度 X_W，送色谱分析仪分析。

4. 部分回流

（1）待塔全回流操作稳定后，打开进料泵（半开齿轮泵旁路阀）进出口阀门，在控制柜上启动进料泵开关，调节进料量 15L/h 左右。

（2）打开原料预热器热水进口阀，对原料液进行加热。调节原料预热器热水进口阀开度，控制进料温度稳定在 78℃ 左右（泡点进料）。

（3）待冷凝液视盅有一定高度液位后，控制塔顶回流和出料流量，调节回流比 R（R=1~4）。

（4）打开塔釜残液流量计，调节至适当流量，保证塔釜液位基本恒定。

（5）当塔顶、塔内温度读数以及流量都稳定后即可取样。

5. 取样与分析

（1）进料、塔顶、塔釜从各相应的取样阀放出。

（2）塔板取样用注射器从所测定的塔板中缓缓抽出，取 1ml 左右注入事先洗净烘干的针剂瓶中，并给该瓶盖标号以免出错，各个样品尽可能同时取样。

（3）将样品进行色谱分析。

五、注意事项

1. 塔顶放空阀一定要打开，否则容易因塔内压力过大导致危险。

2. 料液一定要加到设定液位 2/3 处方可打开加热管电源，否则塔釜液位过低会使电加热丝露出干烧致坏。

3. 如果实验中塔板温度有明显偏差，是由于所测定的温度不是气相温度，而是气液混合的温度。

4. 本实验采用酒精计测定样品的浓度，酒精计的分度值是以 20℃ 时的体积百分比浓度刻度的，读数时需要测量被测样品的温度。

六、实验记录及数据处理

表 3–17　筛板精馏塔全回流实验原始数据记录表

全回流				
序号	塔底温度 $T/℃$	塔顶温度 $t/℃$	塔底样品体积浓度 x_w	塔顶样品体积浓度 x_D	回流流量计读数 $V/(l/h)$
1				
2				
3				
平均值	$T_{平均}=$	$t_{平均}=$	$x_{w平均}=$	$x_{D平均}=$

表 3–18　筛板精馏塔部分回流实验原始数据记录表

部分回流				
塔底温度 $T=$　℃；塔顶温度 $t=$　℃；进料温度 $t_F=$　℃				
流量　　　　浓度	进料流量计读数 $V/(l/h)$	塔顶出料流量计读数 $V/(l/h)$	塔釜出料流量计读数 $V/(l/h)$	回流流量计读数 $V/(l/h)$
塔底样品体积浓度 x_w	$x_{w1}=$	$x_{w2}=$		$x_{w平均值}=$
塔顶样品体积浓度 x_D	$x_{D1}=$	$x_{D2}=$		$x_{D平均值}=$
进料样品体积浓度 x_F	$x_{F1}=$	$x_{F2}=$		$x_{F平均值}=$

表 3-19 筛板精馏塔实验数据处理表

全回流			
塔底样品摩尔浓度 x_w	$x_{w1}=$	$x_{w2}=$	x_w平均值=
塔顶样品摩尔浓度 x_D	$x_{D1}=$	$x_{D2}=$	x_D平均值=
理论板数 $N_T=$			板效率 $E_T=$
部分回流（$R=$ ）			
塔底样品摩尔浓度 x_w	$x_{w1}=$	$x_{w2}=$	x_w平均值=
塔顶样品摩尔额浓度 x_D	$x_{D1}=$	$x_{D2}=$	x_D平均值=
进料样品摩尔浓度 x_F	$x_{F1}=$	$x_{F2}=$	x_F平均值=
理论塔板数 $N_T=$			板效率 $E_T=$
精馏段操作线方程：			

七、实验报告

1. 将塔顶、塔底温度和组成以及各流量计读数等原始数据列表。
2. 按全回流和部分回流分别用图解法计算理论板数。
3. 计算全塔效率和单板效率。
4. 分析并讨论实验过程中观察到的现象。

答案解析

1. 精馏塔塔身伴热的目的在于（ ）

    A. 减小塔身向环境散热的动力   B. 防止塔的内回流

    C. 加热塔内液体   D. 给进料加热

2. 全回流操作的特点有（ ）

    A. $F=0$，$D=0$，$W=0$ B. 在一定分离要求下理论板最少

    C. 操作线和对角线重合   D. 以上都对

3. 精馏实验全回流稳定操作中，与温度分布有关的因素有（ ）

    A. 当压力不变时，温度分布仅与组成的分布有关

    B. 温度分布仅与塔釜加热量有关系

    C. 当压力不变时，温度分布仅与板效率、全塔物料的总组成有关

    D. 与塔顶液与釜液量的摩尔量的比值有关

4. 冷料回流对精馏操作的影响为（ ）

    A. X_D 增加，塔顶 T 降低   B. X_D 增加，塔顶 T 升高

    C. X_W 减少，塔顶 T 升高   D. X_W 增大，塔顶 T 升高

5. 实现精馏塔常压操作的方法有（ ）

    A. 塔顶连通大气   B. 塔顶冷凝器入口连通大气

    C. 塔顶成品受液槽顶部连通大气   D. 塔釜连通大气

6. 在精馏实际操作过程中，当上升气量过大时会引起（　　）

　　A. 液泛现象　　　　　　B. 稳定操作　　　　　　C. 漏液现象　　　　　　D. 没有明显变化

7. 在连续蒸馏操作中，若 F、x_F、q 不变，仅加大回流比时，则可以使塔顶产品浓度 x_D（　　）

　　A. 变大　　　　　　　　B. 变小　　　　　　　　C. 不变　　　　　　　　D. 不确定

8. 采用筛板精馏塔进行全回流操作，实际塔板数为 16 块，理论板数（包括蒸馏釜）为 8 块时，则全塔效率 E_T=（　　）

　　A. 0.5333　　　　　　　B. 0.4375　　　　　　　C. 0.600　　　　　　　D. 无法确定

9. 在精馏实验中，当塔内出现液泛现象时，首先反映出的参数变化是（　　）

　　A. 温度　　　　　　　　B. 压力　　　　　　　　C. 回流量　　　　　　　D. 成分变化

10. 若维持操作中精馏塔的 F、x_F、q、D 不变，而减少塔釜蒸发量 V'，则 x_D、x_W（　　）

　　A. 变大、变小　　　　　B. 变小、变大　　　　　C. 变小、变小　　　　　D. 不变

书网融合……

题库

微课

第六节　干燥特性曲线测定实验

微课

PPT

一、实验目的

1. 掌握测定物料在恒定干燥条件下干燥特性的实验方法；根据实验干燥曲线求取干燥速率曲线以及恒速阶段干燥速率、临界含水量、平衡含水量的实验方法。

2. 熟悉干燥条件对于干燥过程特性的影响。

3. 了解孔板流量计、皮托管流量计测量风量的原理及计算方法；洞道式干燥装置的基本结构、工艺流程和操作方法。

二、基本原理

在设计干燥器的尺寸或确定干燥器的生产能力时，被干燥物料在给定干燥条件下的干燥速率、临界湿含量和平衡湿含量等干燥特性数据是最基本的技术依据参数。由于实际生产中的被干燥物料的性质千变万化，因此对于大多数具体的被干燥物料而言，其干燥特性数据常常需要通过实验测定。

按干燥过程中空气状态参数是否变化，可将干燥过程分为恒定干燥条件操作和非恒定干燥条件操作两大类。若用大量空气干燥少量物料，则可以认为湿空气在干燥过程中温度、湿度均不变，再加上气流速度、与物料的接触方式不变，则称这种操作为恒定干燥条件下的干燥操作。

1. 干燥速率的定义　　干燥速率的定义为单位干燥面积（提供湿分气化的面积）、单位时间内所除去的湿分质量。即

$$U=\frac{\mathrm{d}W}{A\mathrm{d}\tau}=-\frac{G_C\mathrm{d}X}{A\mathrm{d}\tau}$$

（3-49）

式中，U，干燥速率，又称干燥通量，$kg/(m^2 \cdot s)$；A，干燥表面积，m^2；W，气化的湿分量，kg；τ，干燥时间，s；G_C，绝干物料的质量，kg；X，物料湿含量，kg 湿分/kg 干物料；$-$，负号表示 X 随干燥时间的增加而减少。

2. 干燥速率的测定方法 将湿物料试样置于恒定空气流中进行干燥实验，随着干燥时间的延长，水分不断气化，湿物料质量减少。若记录物料不同时间下质量 G，直到物料质量不变为止，也就是物料在该条件下达到干燥极限为止，此时留在物料中的水分就是平衡水分 X^*。再将物料烘干后称重得到绝干物料重 G_C，则物料中瞬间含水率 X 为

$$X = \frac{G - G_C}{G_C} \tag{3-50}$$

计算出每一时刻的瞬间含水率 X，然后将 X 对干燥时间 τ 作图，如图 3-20 所示，即为干燥曲线。

上述干燥曲线还可以变换得到干燥速率曲线。由已测得的干燥曲线求出不同 X 下的斜率 $\dfrac{\mathrm{d}X}{\mathrm{d}\tau}$，再由式（3-49）计算得到干燥速率 U，将 U 对 X 作图，就是干燥速率曲线，如图 3-21 所示。

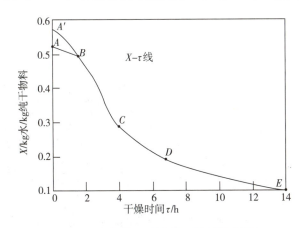

图 3-20　恒定干燥条件下的干燥曲线

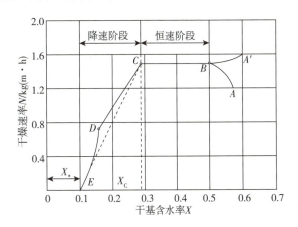

图 3-21　恒定干燥条件下的干燥速率曲线

3. 干燥过程分析

（1）预热段　见图 3-20、图 3-21 中的 AB 段或 $A'B$ 段。物料在预热段中，含水率略有下降，温度则升至湿球温度 t_w，干燥速率可能呈上升趋势变化，也可能呈下降趋势变化。预热段经历的时间很短，通常在干燥计算中忽略不计，有些干燥过程甚至没有预热段。本实验中也没有预热段。

（2）恒速干燥阶段　见图 3-20、图 3-21 的 BC 段。该段物料水分不断气化，含水率不断下降。但由于这一阶段去除的是物料表面附着的非结合水分，水分去除的机制与纯水的相同，故在恒定干燥条件下，物料表面始终保持为湿球温度 t_w，传质推动力保持不变，因而干燥速率也不变。于是，在图 3-21 中，BC 段为水平线。

只要物料表面保持足够湿润，物料的干燥过程中总有恒速阶段。而该段的干燥速率大小取决于物料表面水分的气化速率，亦即决定于物料外部的空气干燥条件，故该阶段又称为表面气化控制阶段。

（3）降速干燥阶段　随着干燥过程的进行，物料内部水分移动到表面的速度赶不上表面水分的气化速率，物料表面局部出现"干区"，尽管这时物料其余表面的平衡蒸气压仍与纯水的饱和蒸气压相同、传质推动力也仍为湿度差，但以物料全部外表面计算的干燥速率因"干区"的出现而降低，此时物料中的含水率称为临界含水率，用 X_c 表示，对应图 3-21 中的 C 点，称为临界点。过 C 点以后，干燥速率逐渐降低至 D 点，C 至 D 阶段称为降速第一阶段。

干燥到点 D 时，物料全部表面都成为干区，气化面逐渐向物料内部移动，气化所需的热量必须通过

已被干燥的固体层才能传递到气化面；从物料中气化的水分也必须通过这层干燥层才能传递到空气主流中。干燥速率因热、质传递的途径加长而下降。此外，在点 D 以后，物料中的非结合水分已被除尽。接下去所气化的是各种形式的结合水，因而，平衡蒸气压将逐渐下降，传质推动力减小，干燥速率也随之较快降低，直至到达点 E 时，速率降为零。这一阶段称为降速第二阶段。

降速阶段干燥速率曲线的形状随物料内部的结构而异，不一定都呈现前面所述的曲线 CDE 形状。对于某些多孔性物料，可能降速两个阶段的界限不是很明显，曲线好像只有 CD 段；对于某些无孔性吸水物料，气化只在表面进行，干燥速率取决于固体内部水分的扩散速率，故降速阶段只有类似 DE 段的曲线。

与恒速阶段相比，降速阶段从物料中除去的水分量相对少许多，但所需的干燥时间却长得多。总之，降速阶段的干燥速率取决于物料本身结构、形状和尺寸，而与干燥介质状况关系不大，故降速阶段又称物料内部迁移控制阶段。

三、实验装置与流程

本实验装置与流程见图 3 – 22、3 – 23、3 – 24。

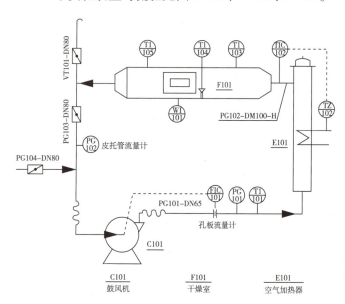

图 3－22　干燥实验装置流程示意图

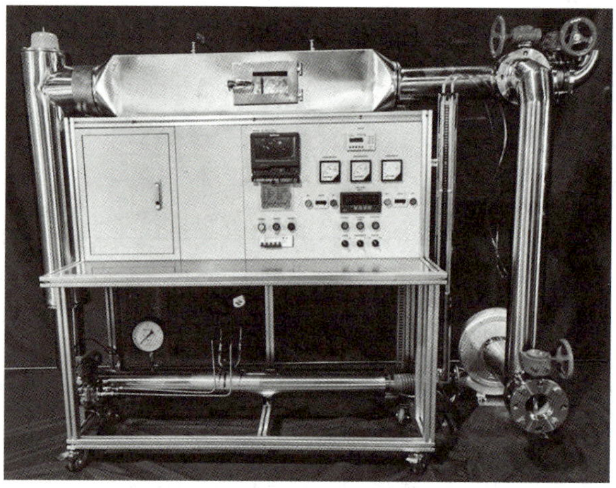

图 3－23　干燥实验装置图

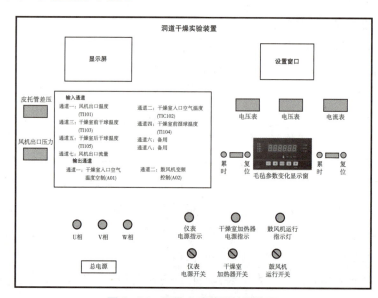

图 3－24　干燥实验装置控制仪图

1. 装置流程　本装置流程如图 3 – 22 所示。空气由鼓风机送入电加热器，经加热后流入干燥室，加热干燥室料盘中的湿物料后，经排出管道通入大气中或循环至鼓风机。随着干燥过程的进行，湿物料重量由称重传感器转化为电信号，并由智能数显仪表记录下来。干燥时间由 2 个累时器交替计时。

2. 主要设备及仪器

（1）鼓风机　型号 YYF7112，380V。

（2）电加热器　额定功率 4.5kW。

（3）干燥室　190mm × 190mm × 1250mm。

（4）空气加热器　Φ190mm × 1100mm。

（5）干燥物料　湿毛毡或湿砂。

（6）称重传感器　L6J8 型，0 ~ 500g。

四、实验步骤

1. 放置托盘，开启总电源开关盒、仪表电源开关。

2. 打开鼓风机进口蝶阀，半开循环风蝶阀、排空蝶阀，开启风机电源开关，在 C7000 仪表上设置风机开度 80%。开启干燥室加热电源开关，在 C7000 仪表上设置加热管开度 75%。在干燥室后背的湿漏斗中加入一定水量，并关注干燥室内的干球温度、湿球温度，预热半小时左右，使干燥室温度（干球温度）要求达到恒定温度（例如 70℃）。

3. 将毛毡加入一定量的水并使其润湿均匀，注意水量不能过多或过少。

4. 当干燥室温度恒定在 70℃时，将湿毛毡十分小心地放置于称重传感器上。放置毛毡时应特别注意不能用力下压，因称重传感器的测量上限仅为 500g，用力过大容易损坏称重传感器。

5. 记录实验数据，干燥时间由 2 个累时器交替计时（操作方法：按累时器 1 累时按钮，累时器 1 开始计时，两分钟后再按累时器 1 累时按钮，累时器 1 停止计时；同时按下累时器 2 累时按钮，累时器 2 开始计时，保证实验干燥的连续性）。每两分钟记录一次风机出口流量、循环风微差压计读数、重量数据、风机出口温度、干燥室入口空气温度、干燥室室前干球温度、干燥室室前湿球温度和干燥室室后干球温度。记录数据后，按累时器复位按钮，将累时器内时间进行复位。

6. 待毛毡恒重时，即为实验终了时，关闭干燥室加热电源开关和风机电源开关，注意保护称重传感器，非常小心地取下毛毡。

7. 关闭仪表电源，切断总电源，清理实验设备。

五、注意事项

1. 必须先开风机，后开加热器，否则加热管可能会被烧坏（系统里已经设置风机未启动时，干燥室加热电源无法开启）。

2. 特别注意传感器的负荷量仅为 500g，放取毛毡时必须十分小心，绝对不能下压，以免损坏称重传感器。

3. 实验过程中，不要拍打、碰扣装置面板，以免引起料盘晃动，影响结果。

六、实验记录及数据处理

表 3－20　干燥实验原始数据记录表

序号	湿物料重量/g	风机出口温度/℃	干燥室入口空气温度/℃	干燥室室前干球温度/℃	干燥室室前湿球温度/℃	干燥室室后干球温度/℃	风机出口流量/（m³/h）	风机出口压力/kPa	皮托管差压/kPa
1									
2									
...									

实验介质：空气、水；干燥室干燥面积：$A=0.19\text{m}\times0.19\text{m}=0.0361$（m²）

表 3－21　干燥实验数据计算表

项目 序号	时间 τ/s	物料湿含量 $X/$（kg 湿分/kg 干物料）	干燥速率 $U/$［（kg/m²·s）］
1			
2			
...			

七、实验报告

1. 绘制干燥曲线（失水量－时间关系曲线）。

2. 根据干燥曲线作干燥速率曲线。

3. 读取物料的临界湿含量。

4. 对实验结果进行分析讨论。

目标检测

答案解析

1. 空气为干燥介质干燥湿物料中水分时，传质推动力是（　　）

　　A. 固体物料水含量与空气湿度的差

　　B. 物料水的蒸气压与空气中水汽分压之差

　　C. 物料内部与物料表面水分含量之差

　　D. 以上说法均不正确

2. 测量空气的湿球温度主要是为了（　　）

　　A. 确定空气的饱和湿度　　　　　　　　B. 确定空气的露点

　　C. 确定空气的湿度　　　　　　　　　　D. 确定空气的相对湿度

3. 测量空气湿球温度时，要求空气流速要足够高，但温度不能太高，主要是因为（　　）

　　A. 缩短实验时间

　　B. 削弱导热、辐射等传热方式对实验结果的影响

　　C. 保护温度计

　　D. 使湿纱布表面保持润湿

4. 对于一定干球温度的空气，当其相对湿度越低时，其湿球温度（　　）

　　A. 越高
　　B. 越低
　　C. 不变
　　D. 不一定，和其他因素有关

5. 干燥器设计送风机时的主要依据是（　　）

　　A. 干空气的质量流量
　　B. 干空气的体积流量
　　C. 湿空气的质量流量
　　D. 湿空气的体积流量

6. 进行干燥器的热量衡算时，原料湿物料的质量流量由（　　）两部分构成

　　A. 绝干物料＋被气化水分
　　B. 干燥产品＋被气化水分
　　C. 干燥产品＋物料中的水分
　　D. 以上都不对

7. 干燥器设计过程中，不能将废气出口温度选得过低的原因是（　　）

　　A. 提高系统热效率
　　B. 温度过低物料返潮
　　C. 减小设备尺寸
　　D. 避免物料龟裂或翘曲

8. 影响干燥速率的主要因素除了湿物料、干燥设备外，还有一个重要因素是（　　）

　　A. 绝干物料
　　B. 平衡水分
　　C. 干燥介质
　　D. 湿球温度

9. 干燥实验进行到试样重量不再变化时，此时试样中所含的水分是（　　）

　　A. 平衡水分
　　B. 自由水分
　　C. 结合水分
　　D. 非结合水分

10. 干燥实验中，在风机流量不变的条件下，加快升温的速度可采用的操作是（　　）

　　A. 降低加热电压
　　B. 开大最下面的蝶阀
　　C. 关小最上面的蝶阀
　　D. 关闭中间的蝶阀

书网融合……

题库　　　　　微课

第七节　填料塔吸收传质系数测定实验 🔲微课

PPT

一、实验目的

1. 掌握总体积传质系数的测定方法；测定填料层压降与操作气速的关系，确定填料塔在某液体喷淋量下的液泛气速的方法。

2. 熟悉二氧化碳钢瓶减压阀的操作、二氧化碳在线分析仪的使用。

3. 了解填料塔吸收装置的基本结构及流程。

二、基本原理

气体吸收是典型的传质过程之一。由于 CO_2 气体无味、无毒、廉价，所以气体吸收实验常选择 CO_2 作为溶质组分。本实验采用水吸收空气中的 CO_2 组分。一般 CO_2 在水中的溶解度很小，即使预先将一

定量的 CO_2 气体通入空气中混合以提高空气中的 CO_2 浓度，水中的 CO_2 含量仍然很低，所以吸收的计算方法可按低浓度来处理，并且此体系 CO_2 气体的解吸过程属于液膜控制。实验主要测定 K_{xa} 和 H_{OL}。

1. 计算公式 填料层高度 Z 为

$$Z = \int_0^Z dZ = \frac{L}{K_{xa}} \int_{x_2}^{x_1} \frac{dx}{x - x^*} = H_{OL} \cdot N_{OL} \tag{3-51}$$

式中，L，液体通过塔截面的摩尔流量，$kmol/(m^2 \cdot s)$；K_{xa}，以 ΔX 为推动力的液相总体积传质系数，$kmol/(m^3 \cdot s)$；H_{OL}，液相总传质单元高度，m；N_{OL}，液相总传质单元数，无因次。

令：吸收因数 $A = L/mG$

$$N_{OL} = \frac{1}{1-A} \ln\left[(1-A)\frac{y_1 - mx_2}{y_1 - mx_1} + A\right]$$

即

$$K_{xa} = \frac{L}{Z \cdot \Omega} \int_{x_2}^{x_1} \frac{dx}{x^* - x} \tag{3-52}$$

当气液平衡关系符合亨利定律时，上式可整理为

$$K_{xa} = \frac{L}{Z \cdot \Omega} \cdot \frac{(X_1 - X_2)}{\Delta X_m} \tag{3-53}$$

$$\Delta X_m = \frac{\Delta X_1 - \Delta X_2}{\ln \frac{\Delta X_1}{\Delta X_2}} = \frac{(X_1^* - X_1) - (X_2^* - X_2)}{\ln \frac{X_1^* - X_1}{X_2^* - X_2}} \tag{3-54}$$

式中，L，吸收剂通过塔截面的摩尔流量，$kmol/h$；Ω，吸收塔截面积，m^2；K_{xa}，以 ΔX 为推动力的液相总体积传质系数，$kmol/(m^3 \cdot h \cdot \Delta X_m)$；$\Delta X_m$，塔底、塔顶液相浓度差的对数平均值；$Z$，填料层高度，m；$X_1$、$X_2$，塔底、塔顶液中 CO_2 比摩尔分率；X_1^*，与塔底气相浓度平衡时塔底液相中 CO_2 比摩尔分率；X_2^*，与塔顶气相浓度平衡时塔顶液相中 CO_2 比摩尔分率。

对水吸收 CO_2 – 空气混合器中 CO_2 的体系，平衡关系服从亨利定律，平衡时气相浓度与液面浓度的相平衡关系式近似为

$$X^* = \frac{Y}{m} \tag{3-55}$$

其中，

$$m = \frac{E}{P} \qquad Y = \frac{y}{1-y}$$

式中，Y，塔内任一截面气相中 CO_2 浓度（比摩尔分率表示）；y，塔内任一截面气相中 CO_2 浓度（摩尔分率表示）；X^*，与气相浓度平衡时液相 CO_2 浓度（比摩尔分率表示）；m，相平衡常数；E，亨利系数，MPa；P，混合气体总压，近似为大气压，MPa。

通过测定物料参数水温和大气压，查取有关化工数据手册确定亨利常数，只要同时测取 CO_2 – 空气混合气进、出填料吸收塔的 CO_2 含量（摩尔分率），即可获得与气相浓度平衡时液相 CO_2 浓度。

因吸收剂是循环液，从塔顶喷淋到填料层上，所以塔顶液相中 CO_2 浓度 $X_2 \neq 0$，塔底液相中 CO_2 浓度由吸收塔物料衡算式求取

$$V(Y_1 - Y_2) = L(X_1 - X_2)$$

则

$$X_1 = \frac{V}{L} \times (Y_1 - Y_2) + X_2$$

式中，V，惰性空气流量，$kmol/h$；Y_1、Y_2，分别是塔底、塔顶的气相中 CO_2 比摩尔分率；X_1、X_2，分别是塔底、塔顶的液相中 CO_2 比摩尔分率。

2. 测定方法

（1）空气流量和水流量的测定　采用转子流量计测得空气和水的流量，并根据实验条件（温度和压力）和有关公式换算成空气和水的摩尔流量。

（2）测定填料层高度 Z 和塔径 D。

（3）测定塔顶和塔底气相组成 y_1 和 y_2。

（4）平衡关系。

$$y = mx \tag{3-56}$$

式中，m，相平衡常数，$m = E/P$；E，亨利系数，$E = f(t)$，Pa，根据液相温度由附录查得；P，总压，Pa，取 1atm。

采用清水吸收，$x_2 = 0$，由全塔物料衡算，有

$$G(Y_1 - Y_2) = L(X_1 - X_2) \tag{3-57}$$

可得 x_1。

三、实验装置与流程

本实验装置与流程见图 3-25、3-26。

1. 流程叙述　吸收风机 C101 出来的空气经检测流量后，与钢瓶出来的 CO_2 气体混合，进入气体混合器 X101 内初步混合，再进入气体缓冲罐 V101 内，均压后进入吸收塔的底部。吸收剂水由贫液罐经贫液泵 P102 输送，转子流量计计量流量后，进入吸收塔 T101 的顶部，通过喷嘴喷洒在填料上，与上升的气体逆流接触，进行传质吸收，尾气从吸收塔顶排出，而吸收后的液体进入富液罐 V102，经富液泵 P101 输送，到解吸塔 T102 顶部，与上升的气体逆流接触，进行传质解吸，尾气从解吸塔顶排出，解吸塔 T102 的贫液返回到贫液罐 V103。来自解吸风机 C102 的空气，经计量流量后进入解吸塔底部，气体上升，与自上而下的液体逆流接触后，直接解吸塔顶放空。（图 3-25）

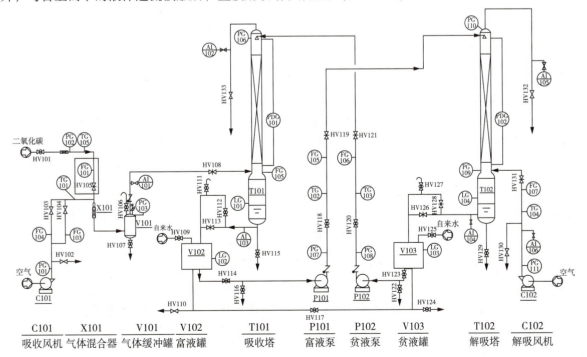

图 3-25　填料塔吸收传质系数实验流程示意图

2. 主要设备　吸收和解吸塔：高效填料塔，塔内径 100mm，塔内装有金属丝网波纹规整填料或陶瓷拉西环填料，填料层总高度 1000mm.。塔顶有液体初始分布器，塔底部有栅板式填料支承装置。填料塔底部有液封装置，以避免气体泄漏。(图 3 – 26)

图 3 – 26　填料塔吸收传质系数实验装置图

四、实验步骤

1. 吸收塔的流体力学特性操作

（1）熟悉实验流程，检查所有阀门是否处于关闭状态，熟悉测试仪表（二氧化碳分析器的远传显示）的使用，启动仪表电源。

（2）测定干填料压降。启动吸收风机 C101，通过调节风机旁路阀 HV102，让空气进入气体缓冲罐 V101 内，压力稳定后，流量从小到大，每调节一次风量，记录一次吸收塔压降 ΔP（PDG101）、进吸收塔空气流量 V（FG103），采集 7 ~ 10 组数据，由此可做出干填料操作时，气速 μ 与填料塔压降 ΔP 的关系曲线。注意，吸收塔釜要有一定的液位，防止空气从液封装置内流出。

（3）测定湿填料压降。首先向贫、富液罐内加水，到其液位的 3/4 左右，再打开贫液泵进口阀 HV123，启动贫液泵 P102，打开泵出口阀 HV120，通过调节贫液进口流量阀 HV121，调节进塔液体流量 FG106，保持吸收塔的喷淋量稳定（水流量建议在 500L/h 左右）；待吸收塔釜有一定的液位，通过调节液位调节阀 HV112，稳定吸收塔釜液位。打开贫、富液罐联通阀 HV117，使液体管路循环。启动吸收风机 C101，通过调节风机旁路阀门 HV102，让空气进入气体缓冲罐 V101 内，待压力稳定后，使流量从小到大，每调节一次风量，记录一次吸收塔压降 ΔP（PDG101）、进吸收塔空气流量 V（FG103），采集 7 ~ 10 组数据，由此做出湿填料操作时，气速 μ 与填料塔压降 ΔP 的关系曲线。

注意，吸收塔釜要有一定的液位，防止空气从液封装置内流出。

（4）通过贫液泵出口流量调节阀 HV121，改变进塔液体流量 FG106（水流量建议在 600L/h 左右），重复操作步骤（3），可测定不同水量下，空塔气速与填料塔压降 ΔP 的关系曲线，完成气液在填料塔内的流体力学性能测定。

（5）实验结束，停止风机运行，关闭机泵，关闭相应的进出口阀。

2. 吸收解吸操作

（1）熟悉实验流程，检查所有阀门是否处于关闭状态，熟悉测试仪表（二氧化碳分析器的远传显示）的使用，启动仪表电源。

（2）确认贫、富液罐均有 3/4 左右的液位，打开贫、富液泵进口阀 HV114、HV123，启动富液泵 P101、贫液泵 P102，打开泵出口阀 HV118、HV120，通过手阀 HV119、HV121，调节进塔液体流量 FG105、FG106，保持吸收塔和解吸塔的喷淋量稳定（水流量建议在 500L/h 左右）；注意观察吸收塔和解吸塔釜液位，通过调节塔出口液封高度阀，保证塔内液位稳定。

（3）启动吸收风机 C101，通过调节风机旁路阀 HV102，让空气进入气体缓冲罐 V101 内，压力稳定后，让空气进入填料吸收塔底部，调节空气流量在 $2m^3/h$；启动解吸风机 C102，通过调节风机旁路阀 HV130，调节解吸风机进解吸塔的空气流量 FG107 在 $10m^3/h$ 左右。

（4）检查 CO_2 减压阀确保其处于关闭状态，开启 CO_2 钢瓶阀门，调节 CO_2 减压阀使 CO_2 出口压力稳定在 0.2MPa 左右，CO_2 气体通过 CO_2 转子流量计 FG101 计量调节流量后，进入空气管路与空气混合，进入吸收塔 T101 下部。其中，CO_2 流量为 $0.2m^3/h$ 左右，控制混合气中 CO_2 体积百分率为 10%，并保持其稳定不变。

（5）观察吸收塔、解吸塔的差压，稳定 10 分钟左右，记录气体流量、液体流量以及气、液体的温度，吸收、解吸塔的压差，并将进塔取样点和吸收塔出气取样点取样管路直接连接到 CO_2 分析仪进行分析，进行 CO_2 含量分析，定量确定进、出塔气体中 CO_2 摩尔分率 y_1 和 y_2，完成在填料塔内液相体积传质系数的测定。

（6）所有实验数据记录完成后，经指导老师同意，关闭 CO_2 液化气钢瓶阀，关闭风机，关闭泵，关闭所有管路上的阀门，关闭仪表电源和总电源。

（7）在实验操作过程中，注意液化气钢瓶的使用安全，未经教师同意，不能乱动，注意保持吸收塔釜和解吸塔釜的液位稳定在一定的范围即可。

五、注意事项

1. 固定好操作点后，应随时注意调整以保持各量不变。
2. 在填料塔操作条件改变后，需要有较长的稳定时间，一定要等到稳定以后方能读取有关数据。

六、实验记录及数据处理

表 3-22　填料塔吸收传质系数实验原始数据记录表

序号	空气流量 $V/(m^3/h)$	CO_2 流量 $V/(L/h)$	水流量 $V/(L/h)$	压差读数 ΔR	塔底气相浓度 y_1	塔顶气相浓度 y_2
1						
2						
3						
4						

实验温度 $t=$ 　　℃

表 3 – 23　填料塔吸收传质系数实验数据计算表

序号	空气流量 $V/(m^3/h)$	相平衡 常数 m	亨利系数 E/kPa	操作压力 P/atm	体积传质系数 $K_{Xa}/[kmol/(m^3 \cdot s)]$	传质单元高度 H_{OL}/m
1						
2						
3						
4						

七、实验报告

1. 将原始数据列表。

2. 在双对数坐标纸上绘图表示二氧化碳解吸时体积传质系数、传质单元高度与气体流量的关系。

3. 列出实验结果与计算示例。

八、思考题

1. 本实验中，为什么塔底要有液封？液封高度如何计算？

2. 测定 K_{xa} 有什么工程意义？

3. 为什么二氧化碳吸收过程属于液膜控制？

4. 当气体温度和液体温度不同时，应用什么温度计算亨利系数？

答案解析

1. 在填料塔中，低浓度难溶气体逆流吸收时，若其他条件不变，但入口气量增加，则气相总传质单元数（　）

　　A. 增加　　　　　　　　B. 减少　　　　　　　　C. 不变　　　　　　　　D. 不定

2. 正常操作下的逆流吸收塔，若因某种原因使液体量减少以至液气比小于原定的最小液气比时，下列情况将发生的是（　）

　　A. 出塔液体浓度增加，回收率增加　　　　　　B. 出塔气体浓度增加，但出塔液体浓度不变

　　C. 出塔气体浓度与出塔液体浓度均增加　　　　D. 在塔下部将发生解吸现象

3. 最大吸收率与（　）无关

　　A. 液气比　　　　　B. 液体入塔浓度　　　　C. 相平衡常数　　　　D. 吸收塔型式

4. 为使脱吸操作易于进行，通常可采用（　）

　　A. 升温，减压　　　B. 升温，加压　　　　C. 降温，减压　　　　D. 降温，加压

5. 常压下用水逆流吸收空气中的 CO_2，若增加水的用量，则出口气体中 CO_2 的浓度将（　）

　　A. 增大　　　　　　B. 减小　　　　　　　C. 不变　　　　　　　D. 不能确定

6. 吸收过程相际传质的极限是（　）

　　A. 相互接触的两相之间浓度相等　　　　　　B. 相互接触的两相之间压强相等

　　C. 相互接触的两相之间温度相等　　　　　　D. 相互接触的两相之间达到相平衡的状态

7. 某低浓度逆流吸收塔在正常操作一段时间后，发现气体出口含量 y_2 增大，原因可能是（　　）

  A. 气体进口含量 y_1 下降

  B. 吸收剂温度降低

  C. 入塔的吸收剂量减少

  D. 前述三个原因都有

8. 在吸收实验中，当气体温度和液体温度不同时，计算亨利系数应使用的温度是（　　）

  A. 气体温度

  B. 液体温度

  C. 气体温度和液体温度的算数平均值

  D. 气体温度和液体温度的对数平均值

9. 在吸收实验中，关于液封的叙述正确的是（　　）

  A. 液封的液面应高于混合气体的入口

  B. 液封的高度随意，只要有就可以

  C. 液封的液面应低于混合气体的入口

  D. 液封可有、可无，对实验无影响

10. 吸收实验中，当进气浓度不变时，欲提高液体出口浓度，可采用的措施是（　　）

  A. 增大液相的流量

  B. 减小液相的流量

  C. 增大气相的流量

  D. 减小气相的流量

书网融合……

题库　　　　　　　微课

第八节　液－液转盘萃取实验 微课

PPT

一、实验目的

1. 掌握每米萃取高度的传质单元数 N_{OR}、传质单元高度 H_{OR} 和萃取率 η 的实验测定方法；化学滴定法测定原料液、萃取液和萃余液浓度的方法。

2. 观察转盘转速变化时，萃取塔内轻、重两相流动状况；了解萃取操作的主要影响因素；研究萃取操作条件对萃取过程的影响。

3. 观察振动频率变化时，萃取塔内轻、重两相流动状况；了解萃取操作的主要影响因素；研究萃取操作条件（振动频率）对萃取过程的影响。

4. 了解转盘萃取塔的基本结构、操作方法及萃取的工艺流程。

二、基本原理

萃取是分离和提纯物质的重要单元操作之一，是利用混合物中各个组分在外加溶剂中的溶解度的差异而实现组分分离的单元操作。使用转盘塔进行液－液萃取操作时，两种液体在塔内做逆流流动，其中一相液体作为分散相，以液滴形式通过另一种连续相液体，两种液相的浓度则在设备内作微分式的连续变化，并依靠密度差在塔的两端实现两液相间的分离。当轻相作为分散相时，相界面出现在塔的上端；反之，当重相作为分散相时，则相界面出现在塔的下端。

1. 传质单元法的计算　计算微分逆流萃取塔的塔高时，主要是采取传质单元法。即以传质单元数和传质单元高度来表征，传质单元数表示过程分离程度的难易，传质单元高度表示设备传质性能的好坏。

$$H = H_{OR} \cdot N_{OR} \tag{3-58}$$

式中，H，萃取塔的有效接触高度，m；H_{OR}，以萃余相为基准的总传质单元高度，m；N_{OR}，以萃余相为基准的总传质单元数，无因次。

按定义，N_{OR} 计算式为

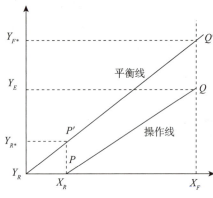

图 3-27 萃取平均推动力计算示意图

$$N_{OR} = \int_{x_R}^{x_F} \frac{dx}{x - x^*} \tag{3-59}$$

式中，x_F，原料液的组成，kgA/kgS；x_R，萃余相的组成，kgA/kgS；x，塔内某截面处萃余相的组成，kgA/kgS；x^*，塔内某截面处与萃取相平衡时的萃余相组成，kgA/kgS。

当萃余相浓度较低时，平衡曲线可近似为过原点的直线，操作线也简化为直线处理，如图 3-27 所示，由积分式（3-59）得

$$N_{OR} = \frac{x_F - x_R}{\Delta x_m} \tag{3-60}$$

其中，Δx_m 为传质过程的平均推动力，在操作线、平衡线作直线近似的条件下为

$$\Delta x_m = \frac{(x_F - x^*) - (x_R - 0)}{\ln \frac{(x_F - x^*)}{(x_R - 0)}} = \frac{(x_F - y_E / k) - x_R}{\ln \frac{(x_F - y_E / k)}{x_R}} \tag{3-61}$$

式中，k，分配系数，例如对于本实验的煤油苯甲酸相-水相，$k = 2.26$；y_E，萃取相的组成，kgA/kgS。

对于 x_F、x_R 和 y_E，分别在实验中通过取样滴定分析而得，y_E 也可通过如下的物料衡算而得

$$\begin{aligned} F + S &= E + R \\ F \cdot x_F + S \cdot 0 &= E \cdot y_E + R \cdot x_R \end{aligned} \tag{3-62}$$

式中，F，原料液流量，kg/h；S，萃取剂流量，kg/h；E，萃取相流量，kg/h；R，萃余相流量，kg/h。对稀溶液的萃取过程，因为 $F = R$，$S = E$，有

$$y_E = \frac{F}{S}(x_F - x_R) \tag{3-63}$$

实验中，取 $F/S = 1/1$（质量流量比），式（4-37）简化为

$$y_E = x_F - x_R \tag{3-64}$$

2. 萃取率的计算　萃取率 η 为被萃取剂萃取的组分 A 的量与原料液中组分 A 的量之比

$$\eta = \frac{F \cdot x_F - R \cdot x_R}{F \cdot x_F} \tag{3-65}$$

对稀溶液的萃取过程，因为 $F = R$，所以有

$$\eta = \frac{x_F - x_R}{x_F} \tag{3-66}$$

3. 组成浓度的测定　对于煤油苯甲酸相-水相体系，采用酸碱中和滴定的方法测定进料液组成 x_F、萃余液组成 x_R 和萃取液组成 y_E，即苯甲酸的质量分率，具体步骤如下。

（1）用移液管量取待测样品 25ml，加 1~2 滴溴百里酚蓝指示剂。

（2）用 KOH-CH$_3$OH 溶液滴定至终点，所测浓度为

$$x = \frac{N \cdot \Delta V \cdot 122}{25 \times 0.8} \tag{3-67}$$

式中，N，KOH–CH$_3$OH 溶液的当量浓度，N/ml；ΔV，滴定用去的 KOH–CH$_3$OH 溶液体积量，ml。苯甲酸的分子量为122g/mol，煤油密度为0.8g/ml，样品量为25ml。

（3）萃取相组成 y_E 也可按式（3－63）计算得到。

三、实验装置与流程

本实验装置与流程见图 3－28、3－29。

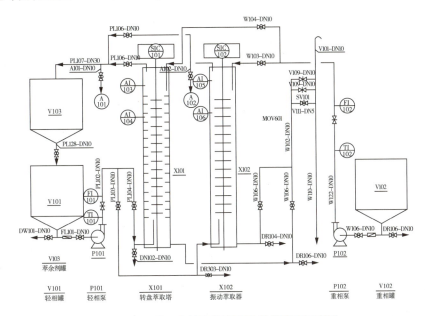

图 3－28 液－液转盘萃取实验装置流程示意图

图 3－29 液－液转盘萃取实验装置图

本装置操作时应先在塔内灌满连续相——水，然后开启分散相——白油（含有饱和苯甲酸），待分散相在塔顶凝聚一定厚度的液层后，通过连续相的∏管闸阀调节两相的界面于一定高度，对于本装置采用的实验物料体系，凝聚是在塔的上端中进行（塔的下端也设有凝聚段）。本装置外加能量的输入，可通过直流调速器来调节中心轴的转速。

四、实验步骤

1. 转盘萃取塔实验步骤

（1）将煤油配制成含苯甲酸的混合物（配制成饱和或近饱和），然后把它灌入轻相槽内。

（2）接通水管，将水灌入重相槽内，用磁力泵将它送入萃取塔内。注意：磁力泵切不可空载运行。

（3）通过调节转速来控制外加能量的大小，在操作时转速逐步加大，中间会跨越一个临界转速（共振点），一般实验转速可取 500 转。

（4）水在萃取塔内搅拌流动，并连续运行 5 分钟后，开启分散相——煤油管路，调节两相的体积流量一般在 20~40L/h 范围内，根据实验要求将两相的质量流量比调为 1∶1。注：在进行数据计算时，对煤油转子流量计测得的数据要校正，即煤油的实际流量应为 $V_{校} = \sqrt{\dfrac{1000}{800}} V_{测}$，其中 $V_{测}$ 为煤油流量计上的显示值。

（5）待分散相在塔顶凝聚一定厚度的液层后，再通过连续相出口管路中 Π 形管上的阀门开度来调节两相界面高度，操作中应维持上集液板中两相界面的恒定。

（6）通过改变转速来分别测取效率 η 或 H_{OR} 从而判断外加能量对萃取过程的影响。

（7）取样分析。采用酸碱中和滴定的方法测定进料液组成 x_F、萃余液组成 x_R 和萃取液组成 y_E，即苯甲酸的质量分率。

2. 振动萃取塔实验步骤　关闭轻相、重相至转盘萃取塔的阀门，开启轻相、重相至振动萃取塔的入口阀，重复上述实验步骤。

五、注意事项

1. 勿直接在槽内配置饱和溶液，防止固体颗粒堵塞煤油输送泵的入口。
2. 待操作稳定半小时后用锥形瓶收集轻相、出口样品 25ml。

六、实验记录及数据处理

表 3 – 24　液 – 液转盘萃取实验原始数据记录表

编号	原料 F /(L/h)	溶剂 S /(L/h)	转速 n	F ΔV_F /ml(KOH)	R ΔV_R /ml(KOH)	S ΔV_s /ml(KOH)
1						
2						
3						
4						

氢氧化钾的当量浓度 $N_{KOH}=$　　　　N/ml

表 3 – 25　液 – 液转盘萃取实验数据计算表

编号	转速 n	萃余相浓度 x_R	萃取相浓度 y_E	平均推动力 Δx_m	传质单元数 N_{OR}	传质单元高度 H_{OR}	效率 η
1							
2							
3							
4							

七、实验报告

1. 测定不同转速下的萃取效率，计算传质单元高度和传质单元数。
2. 对煤油的转子流量计读数进行校核。
3. 讨论随流量的不同，H_{OR} 的变化趋势，并定性分析影响 H_{OR} 的因素。

答案解析

1. 萃取操作温度升高时，两相区（　）
   A. 减小　　　　　　B. 不变　　　　　　C. 增加　　　　　　D. 不能确定

2. 进行萃取操作时，应使（　）
   A. 分配系数大于1　B. 分配系数小于1　C. 选择性系数大于1　D. 选择性系数小于1

3. 研究萃取最简单的相图是（　）
   A. 二元相图　　　　B. 三元相图　　　　C. 四元相图　　　　D. 一元相图

4. 萃取操作只能发生在混合物系的（　）
   A. 单相区　　　　　B. 二相区　　　　　C. 三相区　　　　　D. 平衡区

5. 萃取分离过程的依据是（　）
   A. 各组分在萃取相和萃余相间扩散速率不同　　B. 混合物中各组分挥发度的差异
   C. 混合物中各组分相际传质速率的差异　　　　D. 混合物中各组分在某溶剂中溶解度的差异

6. 对于部分互溶三元液－液体系，当温度升高时，两相区面积（　）
   A. 增大　　　　　　B. 减小　　　　　　C. 不变　　　　　　D. 无法确定

7. 液-液部分互溶物系的选择性系数的物理含义类似于（　）
   A. 气-液体系的相对挥发度　　　　　　B. 气-液体系的亨利系数
   C. 气-液体系的溶解度系数　　　　　　D. 以上都不是

8. 萃取液与萃余液的比重差愈大则萃取效果（　）
   A. 愈好　　　　　　B. 愈差　　　　　　C. 不影响　　　　　D. 不一定

9. 在萃取分离达到平衡时溶质在两相中的浓度比称为（　）
   A. 浓度比　　　　　B. 萃取率　　　　　C. 分配系数　　　　D. 分配比

10. 将具有热敏性的液体混合物加以分离，常采用的方法是（　）
    A. 蒸馏　　　　　　B. 蒸发　　　　　　C. 萃取　　　　　　D. 吸收

书网融合……

题库　　　　　　　微课　　　　　　本章小结

第四章　化工原理实验数据处理软件

PPT

学习目标

　　1. 掌握和运用 Excel 电子表格、Origin 软件进行数据管理、数据分析和数据可视化的基本操作，解决化工实验数据处理和图形绘制问题。

　　2. 了解 Excel 表格和 Origin 软件的基本知识、主要功能、特点及其应用。

　　3. 学会 Excel 表格、Origin 软件的基本操作和使用；能建立实验所需的电子表格，进行数据处理和查询，绘制相关图形，对图表进行编辑。

　　4. 能借助 Excel、Origin 软件制作化工实验研究报告。

　　5. 培养对 Excel、Origin 软件的深入理解和实际应用能力；培养收集、处理、分析和应用信息数据的能力和实事求是的科学态度。

第一节　Excel 软件在实验数据处理中的应用

一、Excel 软件概述

　　Excel 是由 Microsoft 公司开发的一款非常重要而实用的办公室自动化软件之一，很多使用者都是通过 Excel 来完成数据的处理和统计管理。它不仅能够方便地处理表格数据，并可对表格数据进行图形分析，而其更强大的功能则体现在对数据的自动处理和计算方面。目前 Excel 在发展完善的过程中出现了多种不同的版本，现以 2016 版为例进行介绍。

　　打开 Excel 软件后，可以发现 Excel 界面窗口的组成和 Word 界面非常相似，但 Word 的工作区是一张白纸，而 Excel 的工作区就是一个灰色的表格，所以如果说 Word 是专业文档处理软件，那么 Excel 就是专业表格数据处理软件。所以，在日常办公中，如果是文字居多而表格相对较简单时一般用 Word 来处理，如果更多的是表格或数据较多，并且要计算处理的就一定用 Excel 来处理。由于 Excel 功能众多，作用强大，以下仅针对 Excel 在化工原理实验数据处理中能够应用的部分操作进行简要介绍。

二、工作环境

1. 工作环境综述　　如图 4-1 所示。

（1）菜单栏　　一般可以实现大部分功能。

（2）功能区　　一般最常用的功能都可以通过此区实现。

（3）名称框　　显示选定单元格的名称。

（4）编辑栏　　显示和编辑单元格内容。

（5）工作表　　所有表格、图表等都在此。

（6）状态栏　标出当前页面视图和显示比例。

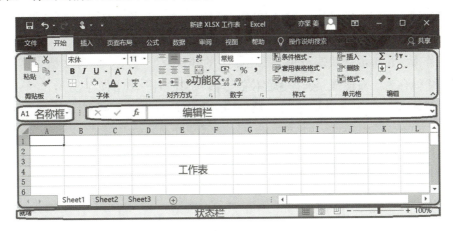

图 4-1　工作环境

2. 菜单栏　菜单简要说明如下。

（1）文件　文件功能操作：打开文件、新建文件、保存文件等。

（2）开始　常用编辑功能操作：包括剪贴板、字体、对齐方式、数字、样式、单元格、编辑等各功能区。

（3）插入　插入功能操作：包括表格、插图、加载项、图表、三维地图演示、迷你图、筛选器、链接等功能区。

（4）页面布局　用于表格的页面调整操作：包括主题、页面设置、调整大小、工作表选项、排列等功能区。

（5）公式　用于公式的录入和使用操作：包括函数库、定义的名称、公式审核、计算等功能区。

（6）数据　数据的转换和统计操作：包括获取外部数据、获取和转换、连接、排序和筛选、数据工具、预测、分组显示等功能区。

（7）审阅　录入内容的转换和检查操作：包括校对、中文繁简转换、辅助功能、见解、语言、批注、保护和墨迹等功能区。

（8）视图　窗口视图操作：包括工作簿视图、显示、显示比例、窗口、宏等功能区。

三、基本操作

1. 基本概念

（1）工作簿　是 Excel 用来处理并存储数据的文件，文件扩展名为 xlsx。一个工作簿可包含多张工作表。

（2）工作表　工作簿中的每一张表称为工作表，工作表是一张二维电子表格。

（3）单元格　工作表中由表线构成的一个个格子就是单元格。单元格是工作表的基本单元，当选中一个单元格时，该单元格的边框会以粗黑框显示。

（4）行号和列标　行号用数字 1、2、…表示，列标用字母 A、B、…表示，相当于一个二维坐标，每个单元格在这个坐标中有一个固定而唯一的名称，由列号 + 行号表示，如 A1、C3。

（5）名称框　显示当前活动单元格的地址。

（6）编辑栏　显示当前活动单元格的内容，可以在这里输入和编辑数据、公式等数值。

2. 基本操作

（1）创建工作簿　启动 Excel2016 会自动创建空白工作簿。如果在编辑文档过程中要新建工作簿，可单击［快速访问工具栏］中的"新建"按钮。

（2）保存工作簿　可单击［快速访问工具栏］中的"保存"按钮。如果文档是第一次保存那么点击保存就会弹出"另存为"对话框。选择保存位置—输入文件名—单击保存。

（3）另存为　如果希望不改变原来的文档内容，就要将文档另存一份，单击"文件"—"另存为"，就会弹出"另存为"对话框。选择保存位置—输入文件名—单击保存。

四、数据的输入与编辑

1. 数据的输入　在 Excel2016 中，单元格中的数据可以是文本、数字、日期等类型。输入数据的基本步骤：单击单元格—输入数据（如要换行，可按 Alt + Enter 键）—输入完成后，按 Enter 键。按 Esc 键可取消刚才的输入。

（1）文本的输入　文本是指字符、数字及特殊符号的组合。默认情况下，文本数据是左边对齐。

当输入的文本超过单元格宽度时，若右侧相邻的单元格没有数据，则超出的文本会延伸到右侧单元格中；如果右邻单元格已有数据，则超出文本被隐藏，在改变列宽后可以看到全部的文本数据。

当输入纯数字文本时，Excel 会认成数值，如输入邮政编码 0599，系统会显示成 599；如果要保留 0，应在数字前加一个英文状态下的单引号"'"，此时，单元格左上角会出现一个绿色三角标记，且左对齐了。

在输入如身份证号码是数字但内容很长时，应以文本的方式输入，否则数据将会不正确。

（2）数值的输入　Excel 的数值数据只能含有以下字符：0 ~ 9、+、-、(，)、／、$ 、%、E、e。默认情况下，数值数据在单元格中自动右对齐。

当数值的数字长度超过 11 位时，将以科学计数法形式表示。

当输入的数字超过列宽时，Excel 会自动采用科学计数法（如 3.1E - 12）表示，或者只给出"####"标记。

输入日期时，年月日间用"／"或"-"分隔；输入时间时，用"："分隔；同时输入日期和时间时，在日期和时间之间用一个空格分隔。

2. 设置字体格式　在"开始"选项卡中的"字体"功能区中进行设置。

3. 设置数字格式

（1）在"开始"选项卡中的"数字"功能区中进行设置。

数字格式：选择单元格中的值的显示方式。比如数字、货币、百分比和日期等。

货币样式￥：在数据前加"￥"符号，保留两位小数，如：68.012→￥→￥68.01。

百分比样式%：将当前数据×100 后再添加百分号，如：0.68→%→68%。

千位分隔样式,：财会上在每个千位上用千分号分隔，并保留两位小数，如：6801.01→6，801.01。

增加小数位数。数据的小数位数加 1，如：68.01→→68.010

减少小数位数。数据的小数位数减 1，如：68.01→→68.0，并进行四舍五入。

（2）使用"设置单元格格式"对话框　在"开始"选项卡中的"数字"功能区的↘。或在选定的单元格区域上方单击右键——设置单元格格式。

4. 设置对齐方式

（1）在"开始"选项卡中的"对齐方式"功能区中进行设置。

（2）在"开始"选项卡中的"对齐方式"功能区的↘。在"设置单元格格式"对话框中的对齐选项卡中设置。

5. 设置边框格式　为方便用户制表，Excel 中的单元格都采用灰色的网格线进行分隔，但这些网格线是不可以打印的。如果希望打印网格线，就需要为单元格添加各种类型的边框。

（1）"开始"选项卡中的"字体"功能区中"框线"工具　选中单元格区域，单击"框线"工具下方的"所有框线"。

（2）在"设置单元格格式"对话框中设置　"开始"选项卡中的"字体"功能区中↘，在对话框中选择"边框"选项卡，可根据需要设置线条样式和颜色。

6. 设置条件格式　是指把满足指定条件的数据用特定的格式显示。

（1）设置突出显示单元格规则　"开始"选项卡中的"样式"功能区中"条件格式"工具—突出显示单元格规则。

（2）清除规则　"开始"选项卡中的"样式"功能区中"条件格式"工具—清除规则—清除所选单元格的规则。

7. 数据的编辑

（1）修改单元格数据　正在输入数据时可按 Esc 键取消输入，然后重新输入。如果只是部分错误，可单击该单元格，在编辑栏中修改。或双击单元格在单元格内修改。修改完成后请按一次 Enter 键。

（2）清除单元格数据　要删除单元格内容，可单击单元格后按 Delete 键。或单击"开始"—编辑—清除中选择相应的清除命令。

（3）数据的复制或移动　一种是用复制或剪贴工具栏实现，这方法在 Windows 所有软件中通用，还可以用拖动鼠标来实现，方法是：① 选定要被复制的单元格区域，再将鼠标指针移动到该区域边框线上，这时，鼠标形状变成箭头状。② 按住 Ctrl 键，箭头光标上方增加一个"＋"号，同时拖动鼠标到需要复制数据的位置松开按键。这是复制，如果在移动时没有按住 Ctrl 键将是移动数据。

8. 数据填充　在输入数据的过程中，当某行或某列的数据有规律或为一组固定的序列数据时，可使用自动填充功能快速完成。

使用填充功能最常用的办法是"将鼠标指针移动到填充柄处，使鼠标指针形状变为＋字时，按住鼠标左键拖动"。

填充柄是指选定单元格或单元格区域时黑框右下角的小黑方块。

（1）等差序列　在需填充区域的前两个单元格中输入两个不同的数值（如 1 和 2），并选定这两个单元格，拖动填充柄，可完成填充。

（2）自动填充序列　汉字和数字的组合（第 1 组），选定这个单元格，拖动填充柄，可完成填充。

（3）使用"序列"对话框填充数据序列　单击"开始"选项卡中的编辑功能区—填充—序列，可在"序列"对话框的"序列产生在"栏中设定按行或按列进行填充，在"终止值"文本框中输入终止值。

五、公式应用

公式的概念：公式是根据用户需要对工作表中的数据执行计算的等式，以等号＝开始。

1. 公式的运算符

（1）算术运算符　＋（加）、－（减）、＊（乘）、/（除）、^（乘方）、%（百分比）。

（2）比较运算符　＝（等于）、＞（大于）、＜（小于）、＞＝（大于等于）、＜＝（小于等于）、＜＞

（不等于）。比较运算符用于比较两个数值的大小，其结果为逻辑值 TRUE 或者 FALSE。

（3）文本运算符 &（连接） 可将一个或多个文本连接起来组合成一个文本值。引用中的数值型数据将按文本数据对待。在公式中直接用文字连接，需要用英文下的双引号将文本文字括起来。

（4）引用运算符 区域运算符（:），表示单元格区域中的所有单元格，例如（A1:A5）表示 A1 到 A5 间的所有单元格；联合运算符（,）将多个引用合并为一个引用，例如（C1:C3，C5:C7）表示 C1 到 C3 间的所有单元格和 C5 到 C7 间的所有单元格。

（5）运算符优先级 当公式中同时用了多个运算符时，运算顺序将按优先级从高到低进行计算。例如公式 = 15 − 4 ∗ 3，如果要选计算减法再做乘法，可以利用括号运算符 () 改变运算的顺序。如 = (15 − 4) ∗ 3。

2. 公式的输入和编辑

（1）输入公式 公式必须以等号 = 开始，单元格中显示公式的计算结果，公式内容在编辑栏中显示。可以在编辑栏中对公式进行修改。公式中的数字或引用的单元格内容发生变化时，Excel 将重新进行计算得到最新结果。

（2）移动和复制公式 公式的移动和普通文字的移动完全一样，复制公式时，要注意相对引用地址的变化。

（3）公式的填充 在利用工作表处理数据时，常会遇到在同一行或同一列使用相同的计算公式的情况。利用公式填充功能可以简化输入过程。用鼠标拖动单元格填充柄到需要填充的单元格区域，公式即被填充到所选区域。

3. 公式中的单元格引用 可以在公式中使用以下 3 种不同位置的单元格或单元格区域数据

（1）同一工作表中的单元格数据 直接用单元格的地址表示。如 E1 表示 E1 单元格中数据。

（2）同一工作簿中不同工作表的单元格数据 在单元格地址前面加上工作表名，并以"!"分隔。如 Sheet2！C8 表示工作表 2 中 C8 单元格中数据。

（3）不同工作簿的单元格数据 工作簿名用"［ ］"括起来，如［工资明细表．xlsx］1 月份！B5 表示工资明细表．xlse 工作簿中 1 月份工作表中 B5 单元格中数据。

4. 单元格地址 根据公式所在单元格的位置发生变化时单元格引用的变化情况，可以把引用分为：相对引用、绝对引用和混合引用。

（1）相对引用 直接引用单元格区域地址。使用相对引用时，当对公式进行移动或复制时，引用地址也会随着公式位置的变化而相应调整引用的地址。

（2）绝对引用 在引用单元格地址的列标和行号前面都带有"＄"符号。例如，＄B＄3 就是一个绝对引用。使用绝对引用后，公式中的引用地址是绝对的，不论公式如何移动或复制，引用的地址不会改变，所引用的数值始终保持绝对引用地址中所对应单元格中的数据值不变。

（3）混合引用 行号或列标中有一项前有"＄"符号。使用混合引用时，当对公式进行移动或复制时，地址中带有"＄"的不变，没有"＄"的会随着公式位置的变化相对变化。

六、函数应用

函数是执行计算、分析等数据处理任务的特殊公式，是预先定义的内置公式。

1. 函数的格式 函数名称（参数 1，参数 2，…，参数 n），参数可以是数字、文本或单元格引用；如求和函数 SUM（G3:G5），SUM（G3,G4,G5）。其中 SUM 是函数名，括号中是进行求和运算的单元格引用。

2. 函数的分类 按其功能可以分为财务函数、日期与时间函数、数学和三角函数、统计函数等。

3. 函数的输入

（1）单击要输入公式的单元格—单击"公式"选项卡—在"函数库"功能区选择相应的函数。

（2）单击要输入公式的单元格—单击"公式"选项卡—在"函数库"功能区单击插入函数。

（3）直接在单元格中输入函数。

4. 常用函数的使用

（1）SUM 求和函数 引用格式 = SUM(范围)。或在"常用"工具栏中有一个 $\sum$ 按钮。返回范围内所有数值的和。

（2）AVERAGE 求平均函数 引用格式 = AVERAGE(范围)。返回范围内所有数值的平均值。

（3）LN( )自然对数函数 引用格式 = LN(number)。返回以 e 为底的对数值。

（4）LOG( )对数函数 引用格式 = LOG(number,base)。公式中，mumber 为用于计算对数的正实数，base 为对数的底数。如果省略底数，假定其值为10。返回以 base 为底的对数值。

（5）COUNT 求个数函数 引用格式 = COUNT(范围)，其中文本数据不计数。返回范围内所有数值的个数。

（6）MAX 求最大值函数 引用格式 = MAX(范围)。返回范围内所有数值中的最大值。

（7）MIN 求最小值函数 引用格式 = MIN(范围)。返回范围内所有数值中的最小值。

（8）IF 条件函数 引用格式 = IF(条件表达式,值1,值2)，当条件表达式为真时，返回值1；否则返回值2。

（9）自动计算 在状态栏中提供了6种功能：平均值、计数、数值计数、最大值、最小值、求和，当选定某个单元格区域，系统会自动计算出区域的统计值并显示在状态栏中。

七、图表的使用

图表是工作表数据的图形表示，不同类型的图表可以直观清晰地表达不同类数据之间的关系、趋势变化以及比例分配等，利用图表可以帮助用户增强对数据变化的理解。

1. 图表类型

（1）常见的标准图表 Excel2010 提供了11种标准图表类型；在"插入"选项卡—插图对话框中可以选择。

（2）迷你图 是在工作表单元格背景中嵌入的一个微型图表，有3种类型：可在"插入"选项卡—迷你图中选择。

2. 创建和清除迷你图

（1）创建迷你图 选择数据区域，"插入"选项卡—迷你图—折线图，在对话框中确定"数据范围"，确定。也可以利用填充柄将文本一样进行迷你图的填充。

（2）清除迷你图 选中迷你图单元格，单击"迷你图工具设计"选项卡，单击"分组"组中"清除"按钮，可以清除迷你图。

3. 创建标准图表

（1）创建图表 选中数据区域，单击"插入"选项卡—"图表"组中可以选择。

（2）图表元素与组成 包括：图表区、绘图区、图表标题、数据标签、数据系列、图例、坐标轴、坐标轴标题、网格线。

4. 编辑图表　选中图表，会激活"图表工具"，包含：设计、布局、格式 三个选项卡。

（1）设计选项卡　在"类型"组中可以"更改图表类型"。

在"数据"组中可以"选择数据"改变数据区域，"切换行/列"改变数据是按行还是列方向绘制图表。

在"图表布局"组中可以更改图表的整体布局。

在"图表样式"组中可以更改图表的整体外观样式。

在"位置"组中可以移动图表，既可移动到其他工作表中，也可以生成图表工作表。

（2）布局选项卡　在"当前所选内容"组中，显示当前选中的图表元素，也可以单击下选框，在其中选择图表元素。

在"标签"组中，可以编辑图表元素。

（3）格式选项卡　在"形状样式"组中，可以设置图表元素的形状样式。

在"艺术字样式"中，可以设置图表文字的样式。

在"大小"组中，可以设置图表的高度与宽度。

5. 删除图表　要删除图表的某一元素，单击该元素后按 Delete。要删除整个图表，单击图表的图表区，再按 Delete。

八、Excel 在离心泵特性曲线测定实验数据处理中的应用示例 微课

1. 实验数据处理要求　离心泵特性曲线的测定实验通过测定所得的泵的流量、进口压力、出口压力、进出口高度差、电机功率、转速等数据计算泵的扬程、功率和效率随流量的变化关系，由于特定曲线需在泵的转速恒定的条件下测定，而实际电机转速不恒定，因此需根据所测定的电机转速对计算所得数据通过比例定律进行修正。在绘制曲线时要求测定数据不少于 10 组，因此在计算的过程中有大量的重复计算，应用 Excel 的公式计算功能完成上述重复计算过程可事半功倍。

2. 计算公式

（1）扬程 H 的计算

$$H = (z_2 - z_1) + \frac{p_2 + p_1}{\rho g} \ (\text{m})$$

式中，p_1、p_2，分别为泵进口的真空度和出口表压，Pa；$z_2 - z_1$，为真空表、压力表的安装高度差，m。

（2）轴功率 N 的计算

$$N = N_\text{电} \times k (\text{W})$$

式中，$N_\text{电}$，为电功率表显示值；k 代表电机传动效率，可取 $k = 0.95$。

（3）效率 η 的计算

$$\eta = \frac{HQ\rho g}{N} \times 100\%$$

（4）转速改变时的换算

流量

$$Q' = Q\frac{n'}{n}$$

扬程

$$H' = H\left(\frac{n'}{n}\right)^2$$

轴功率

$$N'=N\left(\frac{n'}{n}\right)^{3}$$

效率

$$\eta'=\frac{Q'H'\rho g}{N'}=\frac{QH\rho g}{N}=\eta$$

3. 实验数据处理过程

（1）表格制作　根据数据处理要求，合理设计表格结构并输入对应内容，完成后结果如图 4 - 2 所示。

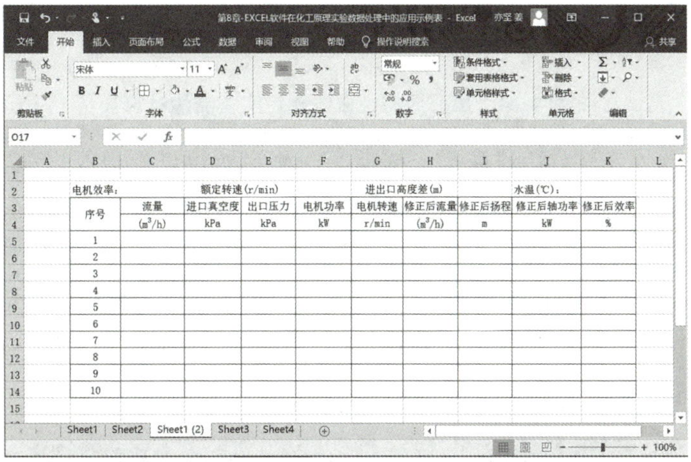

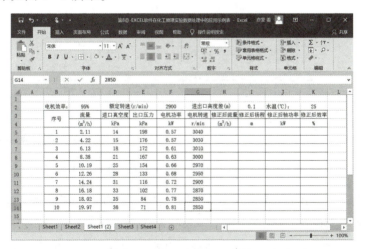

图 4 - 2　离心泵特性曲线测定实验表格制作

（2）输入实验测定所得数据　将所测定的实验数据输入表格对应单元格中，并查取实验温度对应的水的密度，完成结果如图 4 - 3 所示。

图 4 - 3　离心泵特性曲线测定实验输入原始数据

（3）输入流量的转速修正公式　根据实验测定所得电机转速运用比例定律将流量修正为额定转速下的流量，在"修正后流量"对应单元格 H5 中输入" = C5 * ＄F＄2/G5"，输入时注意额定转速为固定数值，所以需输入绝对引用地址，流量和电机转速需要针对测定的各次数值依次计算，所以输入相对引用地址，回车确定后使用自动填充功能将上述公式复制到"修正后流量"各单元格，完成结果如图 4 - 4 所示。

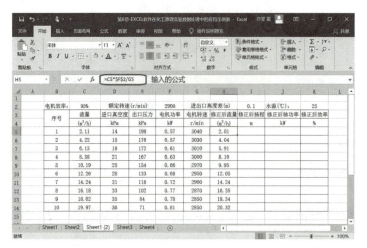

图4-4 离心泵特性曲线测定实验流量计算

（4）输入扬程的计算公式并对转速修正 根据实验测定所得进出口高度差、进出口压力及实验温度下水的密度，在"修正后扬程"对应单元格 I5 中输入"=（$I$2+（D5+E5）*1000/（998*9.81））"，再运用比例定律将扬程修正为额定转速下的扬程，最后输入内容为"=（$I$2+（D5+E5）*1000/（998*9.81））*（$F$2/G5)^2"。输入时注意额定转速和进出口高度差为固定数值，所以需输入绝对引用地址，进出口压力差和电机转速需依据测定的数值依次计算，所以输入相对引用地址，回车确定后使用自动填充功能将上述公式复制到"修正后扬程"各单元格，完成结果如图4-5所示。

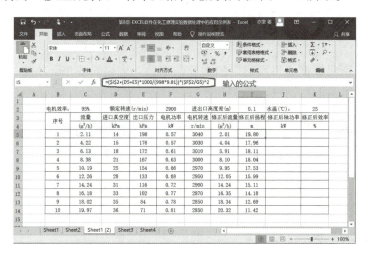

图4-5 离心泵特性曲线测定实验扬程计算

（5）输入轴功率的计算公式并对转速修正 根据实验测定所得电机功率、电机转化效率及比例定律，在"修正后轴功率"对应单元格 J5 中输入"=F5*$C$2*（$F$2/G5)^3"，输入时注意额定转速和电机效率为固定数值，所以需输入绝对引用地址，电机功率和电机转速需依据测定的数值依次计算，所以输入相对引用地址，回车确定后使用自动填充功能将上述公式复制到"修正后轴功率"各单元格，完成结果如图4-6所示。

（6）输入效率的计算公式并完成效率的计算 根据计算所得修正后的扬程、流量及轴功率，在"修正后效率"对应单元格 K5 中输入"=I5*H5/3600*998*9.81/（J5*1000）"，输入时效率需根据流量、扬程和轴功率的计算数值依次计算，所以输入相对引用地址，回车确定后使用自动填充功能将上述公式复制到"修正后效率"各单元格，完成结果如图4-7所示。

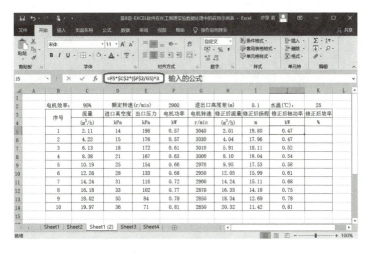

图 4 - 6　离心泵特性曲线测定实验轴功率计算

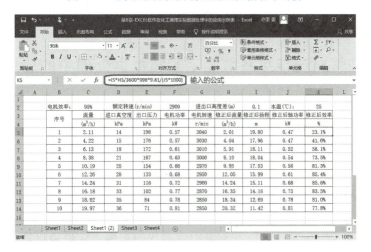

图 4 - 7　离心泵特性曲线测定实验效率计算

（7）绘制特性曲线　我们可以利用 Excel 软件中插入图表功能来完成离心泵特性曲线的绘制。具体过程如下。

执行"插入"选项卡中的"图表"功能区中插入散点图或气泡图，选择"散点图"，执行"图表设计"选项卡中"数据"功能区中"选择数据"，点击图表数据区域栏右侧"↑"，选择修正后的流量和扬程数据区域，点击图表数据区域栏右侧"↓"，点击"确定"后出现流量 - 扬程散点图。

右键点击散点图中曲线，在弹出的菜单中选择"添加趋势线"，在弹出的设置趋势线菜单"趋势线选项"选项卡中选择"多项式"，选择设置趋势线菜单"填充与线条"选项卡，在其中选择适宜的线条颜色、宽度、类型等，关闭设置趋势线格式菜单。

右键点击散点图中曲线，在弹出的菜单中选择"选择数据"，点击"图例项"栏中的"添加"按钮，点击弹出菜单中"X 轴系列值"栏右侧"↑"，选择修正后的流量数据区域，点击"X 轴系列值"栏右侧"↓"，点击"Y 轴系列值"栏右侧"↑"，选择修正后的功率数据区域，点击"Y 轴系列值"栏右侧"↓"，按同样操作添加流量 - 效率系列数据，添加完成后点击确定。

右键点击散点图中流量 - 效率曲线，在弹出菜单中选择"设置数据系列格式"，在"设置数据系列格式"菜单中选择"次坐标轴"，关闭"设置数据系列格式"菜单，按添加趋势线过程对新增的两条曲线分别添加趋势线，至此，离心泵特性曲线绘制完成。结果如图 4 - 8 所示。

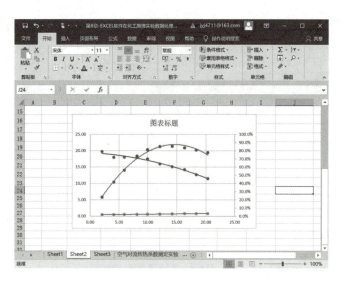

图 4 – 8　离心泵特性曲线绘制

九、Excel 在空气对流传热系数测定实验数据处理中的应用示例 微课

1. 实验数据处理要求　空气对流传热系数测定实验需测定套管式换热器中空气的进出口温度、空气流量、水蒸气进出口温度等数据，分别通过总传热系数近似法和传热准数式法计算空气对流传热系数。根据计算结果绘制 Nu 准数和 Re 准数的对数关系曲线，验证准数关联式中各准数的关联关系。在绘制曲线时要求测定数据不少于 8 组，在计算的过程中有大量的重复计算工作，因此运用 Excel 的公式计算功能进行空气对流传热系数测定实验的数据处理可以有效地提高数据的处理效率。

2. 计算公式

（1）空气定性温度、平均流量的计算及相关物性参数的查取　定性温度取空气进、出口温度的算数平均值：

$$t_{均} = \frac{t_1 + t_2}{2} \quad (℃)$$

空气的平均流量取定性温度下的空气体积流量；空气的密度、黏度、定压比热容、导热系数分别根据定性温度在物性参数表中查取，未有对应温度参数时采用线性插值法计算。

（2）总传热速率的计算　总传热速率采用空气侧的热量衡算式进行计算：

$$Q = m_2 c_{p2}(t_2 - t_1) \quad (W)$$

（3）对数平均温度差的计算　本实验中，热、冷流体采用逆流传热，对数平均温度差可用下式进行计算：

$$\Delta t_m = \frac{(T_1 - t_2) - (T_2 - t_1)}{\ln \dfrac{T_1 - t_2}{T_2 - t_1}} \quad (℃)$$

（4）总传热系数的计算

$$K_i = \frac{Q}{A \Delta t_m} = \frac{m_2 c_{p2}(t_2 - t_1)}{A \Delta t_m}$$

（5）近似法求算空气对流给热系数　当忽略污垢热阻时，基于内表面积的总传热系数与内、外对流传热系数和管壁导热系数的关系可以用下式计算。

$$\frac{1}{K_i} = \frac{1}{\alpha_i} + \frac{b d_i}{\lambda d_m} + \frac{d_i}{\alpha_o d_o}$$

由于管壁很薄且导热系数较大，管壁热阻可忽略不计，管外侧的蒸汽冷凝传热热阻远小于管内侧空气对流传热热阻，因此总热阻约等于内侧空气对流传热热阻，所以有：

$$K_i \approx \alpha_i$$

因此，可以由基于内表面积的总传热系数计算求得空气侧对流传热系数。

（6）传热准数式求算空气对流传热系数　对于流体在圆形直管内作强制湍流对流传热时，若符合如下范围，$Re=1.0 \times 10^4 \sim 1.2 \times 10^5$，$Pr=0.7 \sim 120$，管长与管内径之比 $l/d \geqslant 60$，则传热准数关联式为：

$$Nu = 0.023 \, Re^{0.8} Pr^n$$

由此可得空气侧对流传热系数可由下式计算：

$$\alpha_i = 0.023 \, \frac{\lambda}{d} \left(\frac{du\rho}{\mu} \right)^{0.8} \left(\frac{c_p\mu}{\lambda} \right)^{0.4}$$

3. 实验数据处理过程

（1）表格制作　根据数据处理要求，合理设计表格结构并输入对应内容，完成后结果如图 4-9 所示。

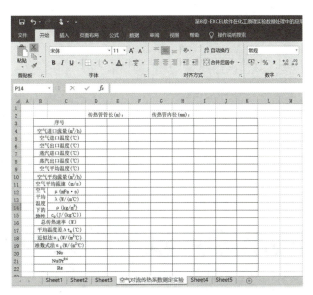

图 4-9　空气对流传热系数测定实验表格制作

（2）输入实验测定所得数据　将所测定的实验数据输入表格对应单元格中，完成结果如图 4-10 所示。

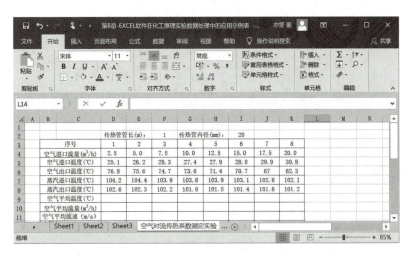

图 4-10　空气对流传热系数测定实验输入原始数据

（3）空气平均流量、定性温度的计算及对应特性参数的查取　根据实验测定所得空气进、出口温度，在“空气平均温度”对应单元格 D9 中输入"=(D5+D6)/2"，回车确定后使用自动填充功能将上述公式复制到“空气平均温度”各单元格。根据实验测定所得空气进口流量，在“空气平均流量”对应单元格 D10 中输入"=D4*(D9+273)/(D5+273)"，回车确定后使用自动填充功能将上述公式复制到“空气平均流量”各单元格。之后根据不同定性温度查取对应温度下空气的密度、黏度、定压比热容、导热系数的物性参数值，并将所查结果输入对应单元格，完成结果如图 4－11 所示。

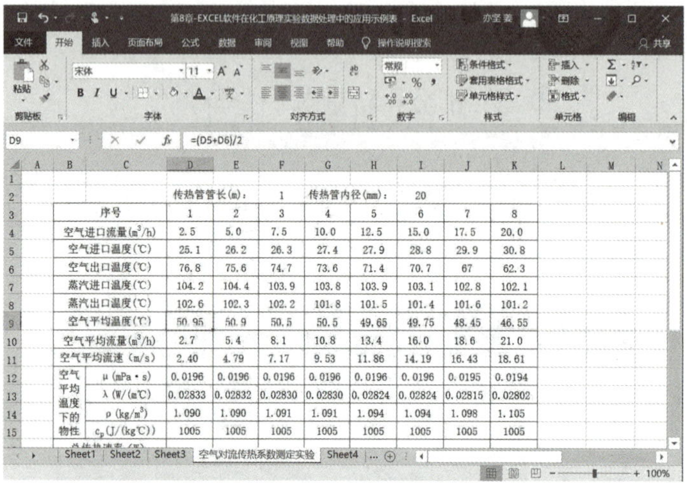

D9　=(D5+D6)/2

		传热管管长(m)：		1	传热管内径(mm)：		20		
序号		1	2	3	4	5	6	7	8
空气进口流量(m^3/h)		2.5	5.0	7.5	10.0	12.5	15.0	17.5	20.0
空气进口温度(℃)		25.1	26.2	26.3	27.4	27.9	28.8	29.9	30.8
空气出口温度(℃)		76.8	75.6	74.7	73.6	71.4	70.7	67	62.3
蒸汽进口温度(℃)		104.2	104.4	103.9	103.8	103.9	103.1	102.8	102.1
蒸汽出口温度(℃)		102.6	102.3	102.2	101.8	101.5	101.4	101.6	101.2
空气平均温度(℃)		50.95	50.9	50.5	50.5	49.65	49.75	48.45	46.55
空气平均流量(m^3/h)		2.7	5.4	8.1	10.8	13.4	16.0	18.6	21.0
空气平均流速(m/s)		2.40	4.79	7.17	9.53	11.86	14.19	16.43	18.61
空气平均温度下的物性	μ (mPa·s)	0.0196	0.0196	0.0196	0.0196	0.0196	0.0196	0.0195	0.0194
	λ (W/(m℃)	0.02833	0.02832	0.02830	0.02830	0.02824	0.02824	0.02815	0.02802
	ρ (kg/m^3)	1.090	1.090	1.091	1.091	1.094	1.094	1.098	1.105
	c_p(J/(kg℃))	1005	1005	1005	1005	1005	1005	1005	1005

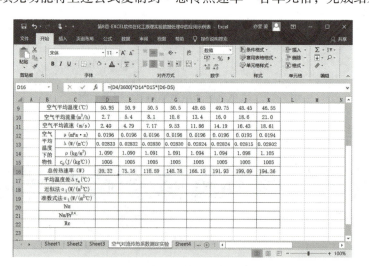

图 4－11　空气对流传热系数测定实验平均温度、平均流量的计算

（4）总传热速率的计算　根据实验测定所得空气进出口温度、空气的流量及对应定性温度下空气的密度、定压比热容，在“总传热速率”对应单元格 D16 中输入"=(D4/3600)*D14*D15*(D6-D5)"，回车确定后使用自动填充功能将上述公式复制到“总传热速率”各单元格，完成结果如图 4－12 所示。

D16　=(D4/3600)*D14*D15*(D6-D5)

空气平均温度(℃)		50.95	50.9	50.5	50.5	49.65	49.75	48.45	46.55
空气平均流量(m^3/h)		2.7	5.4	8.1	10.8	13.4	16.0	18.6	21.0
空气平均流速(m/s)		2.40	4.79	7.17	9.53	11.86	14.19	16.43	18.61
空气平均温度下的物性	μ (mPa·s)	0.0196	0.0196	0.0196	0.0196	0.0196	0.0196	0.0195	0.0194
	λ (W/(m℃)	0.02833	0.02832	0.02830	0.02830	0.02824	0.02824	0.02815	0.02802
	ρ (kg/m^3)	1.090	1.090	1.091	1.091	1.094	1.094	1.098	1.105
	c_p(J/(kg℃))	1005	1005	1005	1005	1005	1005	1005	1005
总传热速率(W)		39.32	75.16	110.59	140.76	166.10	191.93	199.09	194.36
平均温度差Δt_m(℃)									
近似法α_i(W/(m^2℃)									
准数式法α_i(W/(m^2℃)									
Nu									
$Nu/Pr^{0.4}$									
Re									

图 4－12　空气对流传热系数测定实验总传热速率的计算

（5）对数平均温度差的计算　根据实验测定所得空气进、出口温度和水蒸气进、出口温度，在“平均温度差”对应单元格 D17 中输入"=((D8-D5)-(D7-D6))/LN((D8-D5)/(D7-D6))"，回车确定后使用自动填充功能将上述公式复制到“平均温度差”各单元格，完成结果如图 4－13 所示。

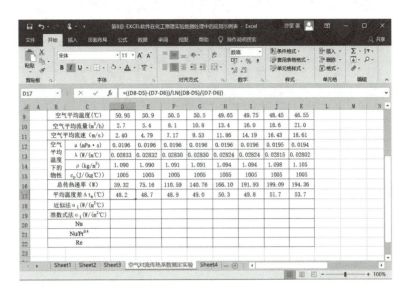

图 4 – 13　空气对流传热系数测定实验对数平均温度差的计算

（6）近似法对流传热系数的计算　根据计算所得总传热速率、对数平均温度差及传热面积，在"近似法 α_i"对应单元格 D18 中输入"= D16/（D17 * 3.14 * （$I$2/1000）* $F$2）"，输入时由于管内径和管长为固定数值，所以输入绝对引用地址，回车后使用自动填充功能将上述公式复制到"近似法 α_i"各单元格，完成结果如图 4 – 14 所示。

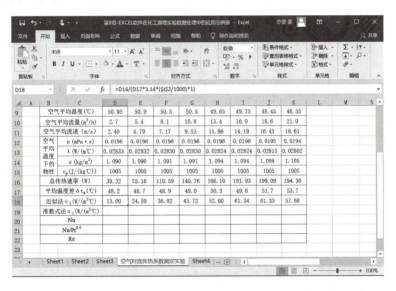

图 4 –14　空气对流传热系数测定实验近似法对流传热系数的计算

（7）准数式法对流传热系数的计算　根据计算所得空气的平均流量及空气物性参数，在"准数式法 α_i"对应单元格 D19 中输入"= 0.023 * （（$I$2/1000）* D11 * D14/（D12/1000））^0.8 * （D15 * （D12/1000）/D13）^0.4"，输入时由于管内径为固定数值，所以输入绝对引用地址，回车确定后使用自动填充功能将上述公式复制到"准数式法 α_i"各单元格，完成结果如图 4 – 15 所示。

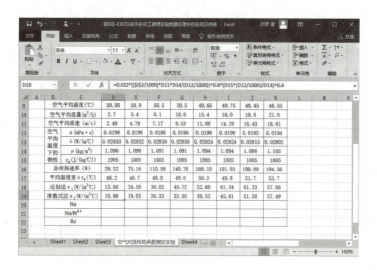

图 4-15　空气对流传热系数测定实验准数式法对流传热系数的计算

（8）Re、Nu、$Nu/Pr^{0.4}$ 各准数关系的计算　根据计算所得空气的平均流量及定性温度所对应空气物性参数，在单元格 D20 中输入" =（（ $I$2/1000）*D11*D14/（D12/1000））"，在单元格 D21 中输入" = D19*（ $I$2/1000）/D13"，在单元格 D22 中输入" = D21/（D15*（D12/1000）/D13）^0.4"，回车确定后使用自动填充功能将上述公式复制到相应各单元格中，完成结果如图 4-16 所示。

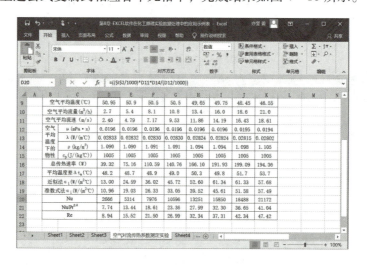

图 4-16　空气对流传热系数测定实验各准数关系的计算

（9）绘制准数关系曲线　我们可以利用 Excel 软件中插入图表功能来完成准数关系对数曲线的绘制。具体过程如下。

执行"插入"选项卡中的"图表"功能区中插入散点图或气泡图，选择"带平滑线和数据标记的散点图"，执行"图表设计"选项卡中"数据"功能区中"选择数据"，点击图表数据区域栏右侧" ↑ "，选择数据表中"Re"和"$Nu/Pr^{0.4}$"区域，点击图表数据区域栏右侧" ↓ "，点击"确定"后出现 $Re - Nu/Pr^{0.4}$ 散点图。

右键点击纵坐标，在弹出的菜单中选择"设置坐标轴格式"，选中"坐标轴选项"选项卡中"对数刻度"，在"底数"栏中输入自然对数底数值 2.718，关闭"坐标轴选项"选项卡，之后按相同过程设定横坐标为对数刻度。

右键点击纵坐标，在弹出的菜单中选择"设置坐标轴格式"，在"坐标轴选项"选项卡中根据曲线位置设定合理的横、纵坐标最大值和最小值后，关闭"坐标轴选项"选项卡。至此，传热准数的对数关系曲线绘制完成，结果如图 4 – 17 所示。

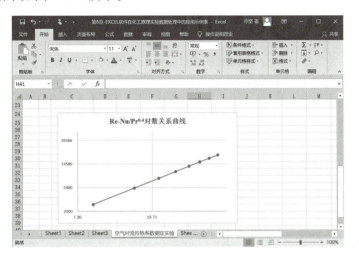

图 4 – 17　空气对流传热系数测定实验 $Re – Nu/Pr^{0.4}$ 对数关系曲线

第二节　Origin 软件在实验数据处理中的应用

一、Origin 软件概述

1. 基本简介　Origin 为 OriginLab 公司出品的专业函数绘图软件，是公认的简单易学、操作灵活、功能强大的软件，既可以满足一般用户的制图需要，也可以满足高级用户数据分析、函数拟合的需要。

Origin 是美国 OriginLab 公司（其前身为 Microcal 公司）开发的图形可视化和数据分析软件，是科研人员和工程师常用的高级数据分析和制图工具。自 1991 年问世以来，由于其操作简便，功能开放，很快就成为国际流行的分析软件之一，是公认的快速、灵活、易学的工程制图软件。它的最新的版本号是 9.0SR1，本书以 8.1SR4 版本为例进行介绍，操作界面见图 4 – 18。

2. 软件特点　当前流行的图形可视化和数据分析软件有 Matlab，Mathmatica 和 Maple 等。这些软件功能强大，可满足科技工作中的许多需要，但使用这些软件需要一定的计算机编程知识和矩阵知识，并熟悉其中大量的函数和命令。而使用 Origin 就像使用 Microsoft Excel 和 Microsoft Word 那样简单，只需点击鼠标，选择菜单命令就可以完成大部分工作，并获得满意的结果。

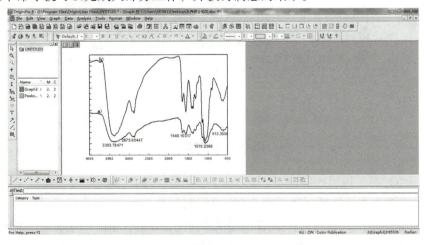

图 4 – 18　Origin 图形化界面

3. 软件功能   Origin 是个多文档界面应用程序。它将所有工作都保存在 Project（＊. OPJ）文件中。该文件可以包含多个子窗口，如 Worksheet、Graph、Matrix、Excel 等。各子窗口之间是相互关联的，可以实现数据的即时更新。子窗口可以随 Project 文件一起存盘，也可以单独存盘，以便其他程序调用。

Origin 具有两大主要功能：数据分析和绘图。Origin 的数据分析主要包括统计、信号处理、图像处理、峰值分析和曲线拟合等各种完善的数学分析功能。准备好数据后，进行数据分析时，只需选择所要分析的数据，然后再选择相应的菜单命令即可。Origin 的绘图是基于模板的，Origin 本身提供了几十种二维和三维绘图模板而且允许用户自己定制模板。绘图时，只要选择所需要的模板就行。用户可以自定义数学函数、图形样式和绘图模板；可以和各种数据库软件、办公软件、图像处理软件等方便地连接。

Origin 可以导入包括 ASCII、Excel、pClamp 在内的多种数据。另外，它可以把 Origin 图形输出到多种格式的图像文件，譬如 JPEG、GIF、EPS、TIFF 等。

Origin 里面也支持编程，以方便拓展 Origin 的功能和执行批处理任务。Origin 里面有两种编程语言——LabTalk 和 Origin C。

在 Origin 的原有基础上，用户可以通过编写 X-Function 来建立自己需要的特殊工具。X-Function 可以调用 Origin C 和 NAG 函数，而且可以很容易地生成交互界面。用户可以定制自己的菜单和命令按钮，把 X-Function 放到菜单和工具栏上，以后就可以非常方便地使用自己的定制工具（注：X-Function 是从 8.0 版本开始支持的。之前版本的 Origin 主要通过 Add-On Modules 来扩展 Origin 的功能）。

二、工作环境

1. 工作环境综述   类似 Office 的多文档界面，主要包括以下几个部分（图 4 - 19）。

（1）菜单栏   顶部，一般可以实现大部分功能。

（2）工具栏   菜单栏下面，一般最常用的功能都可以通过此实现。

（3）绘图区   中部，所有工作表、绘图子窗口等都在此。

（4）项目管理器   下部，类似资源管理器，可以方便切换各个窗口等。

（5）状态栏   底部，标出当前的工作内容或鼠标指到某些菜单按钮时的说明。

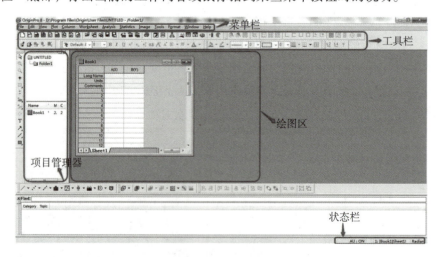

图 4 - 19   工作环境

2. 菜单栏   菜单栏简要说明如下。

（1）File 文件功能操作   打开文件、输入输出数据图形等。

（2）Edit 编辑功能操作   包括数据和图像的编辑等，比如复制、粘贴、清除等，特别注意 Undo 功能。

（3）View 视图功能操作   控制屏幕显示。

（4）Plot 绘图功能操作 主要提供 5 类功能。

①几种样式的二维绘图功能，包括直线、描点、直线加符号、特殊线/符号、条形图、柱形图、特殊条形图/柱形图和饼图。

②三维绘图。

③气泡/彩色映射图、统计图和图形版面布局。

④特种绘图，包括面积图、极坐标图和向量。

⑤模板：把选中的工作表数据导入绘图模板。

Column 列功能操作：比如设置列的属性、增加删除列、增加误差栏、函数图、缩放坐标轴、交换 X、Y 轴等。

（5）Worksheet 工作表 数据功能操作。

（6）Statistic 统计 略。

（7）Image 对图像操作 略。

（8）Analysis 分析功能操作

①对工作表窗口：提取工作表数据；行列统计；排序；数字信号处理；统计功能（T－检验）、方差分析（ANOAV）、多元回归（Multiple Regression）；非线性曲线拟合等。

②对绘图窗口：数学运算；平滑滤波；图形变换；FFT；线性多项式、非线性曲线等各种拟合方法。

（9）Tools 工具功能操作

①对工作表窗口：选项控制；工作表脚本；线性、多项式和 S 曲线拟合。

②对绘图窗口：选项控制；层控制；提取峰值；基线和平滑；线性、多项式和 S 曲线拟合。

（10）Format 格式功能操作

①对工作表窗口：菜单格式控制、工作表显示控制以及栅格捕捉、调色板等。

②对绘图窗口：菜单格式控制；图形页面、图层和线条样式控制，栅格捕捉，坐标轴样式控制和调色板等。

（11）Window 窗口功能操作 控制窗口显示。

（12）Help 帮助 略。

三、基本操作

作图一般需要通过一个项目 Project 来完成，File→New，即新建一个项目。

保存项目的缺省扩展名为 OPJ。

自动备份功能：Tools→Option→Open/Close 选项卡→"Backup Project Before Saving"。

添加项目：File→Append。

刷新子窗口：如果修改了工作表或者绘图子窗口的内容，一般会自动刷新，如果没有，点击 Window→Refresh。

以上是 Oirgin 最基本的一些操作，其他常用的操作会在后面详细说明。

四、简单二维图

1. 输入数据 一般来说数据按照 X Y 坐标存为两列，如下面以正弦曲线为例输入数据的格式。

x	sin（x）
0.0	0.000
0.1	0.100
0.2	0.199

0.3　　0.296

……　　……

输入数据如图 4 – 20 所示。

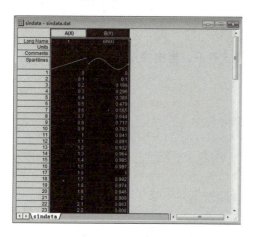

图 4 – 20　输入数据

2. 绘制图形　按住鼠标左键拖动选定 A（X）、B（Y）这两列数据，使用操作界面下方的图 4 – 21 最下面一排按钮 就可以绘制简单的图形，按从左到右三个按钮做出的效果分别如图 4 – 22、图 4 – 23 和图 4 – 24 所示。

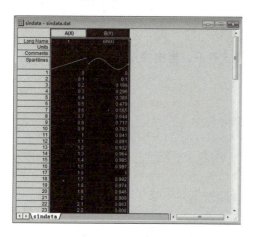

图 4 – 21　选中数据

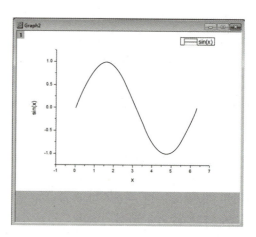

图 4 – 22　Line

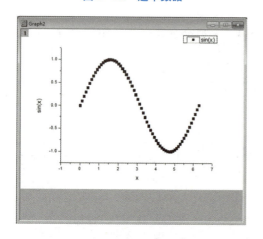

图 4 – 23　Scatter

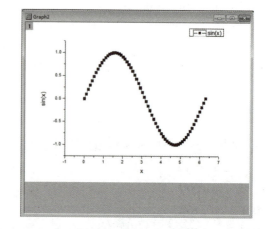

图 4 – 24　Line + Symbol

3. 设置列属性 双击 A 列或者点右键选择 Properties，这里可以设置一些列的属性。通过 Previous 和 Next 按钮可以切换到前一列和后一列，如图 4 – 25、图 4 – 26 所示。

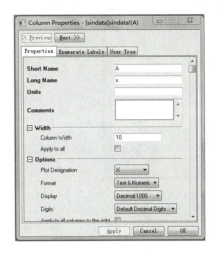

图 4 – 25　A（X）列属性

图 4 – 26　B（Y）列属性

4. 数据浏览 软件界面左侧的工具栏为数据浏览工具栏，如图 4 – 27 所示。从上到下依次为 Pointer、Zoom In、Zoom Out、Screen Reader、Data Reader、Data Selector 工具。

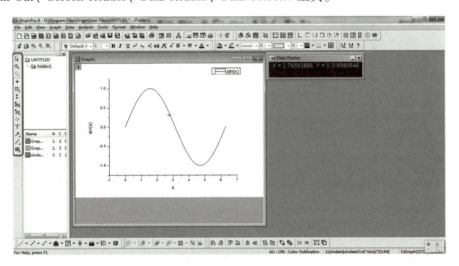

图 4 – 27　数据浏览工具栏

（1）Pointer 选择工具。

（2）Zoom In、Zoom Out 缩放工具。

（3）Screen Reader 读取绘图窗口内选定点的 XY 值。点击后弹出 Data Display 窗口，如图 4 – 27 所示，可动态显示所选数据点或屏幕任意点的 XY 坐标值。

（4）Data Reader 读取数据曲线上的选定点的 XY 值。

（5）Data Selector 选择一段数据曲线，作出标志，可以用鼠标或是用 Ctrl、Ctrl + Shift 与左右箭头的组合。

5. 修改图形

（1）修改数据曲线 鼠标双击曲线弹出如图 4 – 28 所示窗口。窗口内的选项从上到下依次可修改曲线的连接方式（connect）、曲线的型式（styl）、线宽（width）、曲线的颜色（color）。

通过点击下面的 workbook 按钮，可以回到数据窗口。

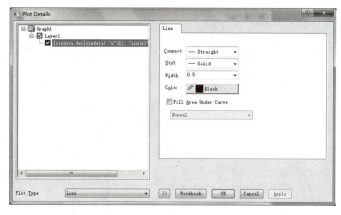

图 4 - 28 修改曲线

（2）修改坐标轴 双击坐标轴得到如图 4 - 29 所示的窗口。

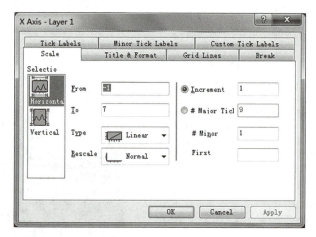

图 4 - 29 修改坐标轴

在此窗口可修改坐标的数值范围、标尺的大小、刻度为线性或对数等，通过切换上方 7 个选项卡，还可修改坐标的颜色、格式、线型等。具体使用方法会在后面的实例中详细说明。

6. 添加文本说明 用左侧工具栏的按钮 T，可以在图上添加文字说明，如果想移动文字位置，可以用鼠标拖动。注意利用 Symbol Map 可以方便地添加特殊字符（图 4 - 30）。做法：在文本编辑状态下，点右键，然后选择 Symbol Map。

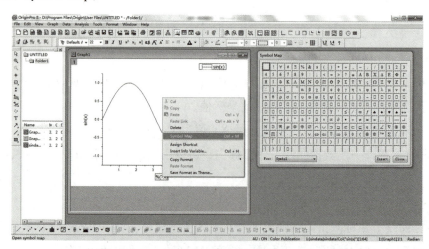

图 4 - 30 添加特殊字符

7. 添加日期和时间标记　使用 Graph 工具栏上的⊕按钮可以添加日期标记。

五、数据管理

1. 导入数据文件　主要利用 Import 输入文件中的数据，也支持直接数据粘贴等。方法：在菜单栏选择 File→Import。

2. 变换数列　在前面的基础上，增加一列 cos(x)，这不需要另算数据而利用 Origin 本身就可以做到。具体做法如下。

（1）在数据表上点右键选择 Add New Column，如图 4-31 和图 4-32 所示。

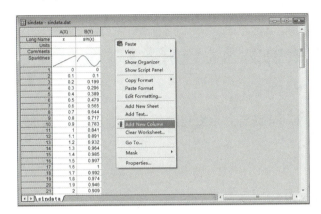

图 4-31　新增列命令

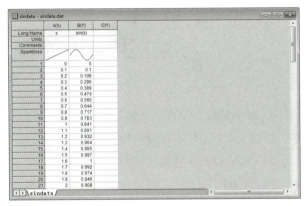

图 4-32　新增列

（2）对准 C(Y) 列点右键选择 Set Column Values，并设置下面输入框中 Cos(col(x))，点击 OK 得到 Cos(x) 值，如图 4-33 和图 4-34 所示。

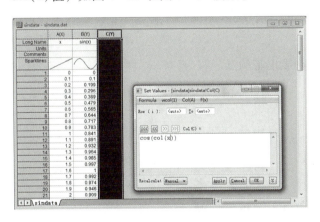

图 4-33　**Set Column Values 命令**

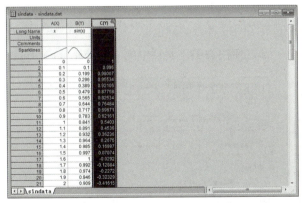

图 4-34　**得到 Cos(x) 值**

（3）双击 A 列或者点右键选择 Properties，这里可以设置一些列的属性，最后做出 cos(x) 图像，如图 4-35 所示。

3. 数据排序　Origin 可以做到单列、多列甚至整个工作表数据排序，命令为"Sort …"。

（1）列排序，选择一列数据，点击右键弹出菜单选择 Sort Column 命令进而选择 Ascending（升序）或 Descending（降序）。

（2）选择范围排序，选择一定范围数据，右键选择 Sort Range 命令。

（3）整个工作表排序，选定整个工作表的方法是鼠标移到工作表左上角的空白方格的右下角变为斜向下的箭头时单击，然后选择相应的命令。

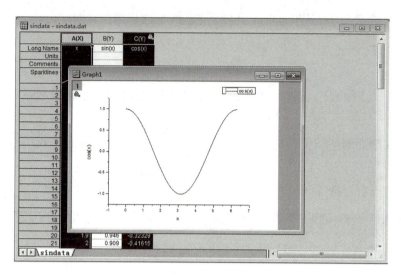

图 4 - 35　Cos(x) 图

4. 频率记数　选择一列数据，可以使用 Frequency Count 统计一个数列或其中一段中数据出现的频率，如图 4 - 36、4 - 37、4 - 38 所示。

（1）Bin Center 数据区间的中心值。

（2）Count 落入该区间的数据个数，即频率计数值。

（3）Bin End 数据区间右边界值。

（4）Sum 频率计数值的累计和。

5. 归一化数据　选择某一列，右键→Normalize 命令。

6. 屏蔽曲线中的数据点

（1）使用 Mask 工具栏，Mask 工具栏默认不显示，可以从 View→Toolbars 设置出来。这样可以用设置屏蔽区间或者点的颜色等。

（2）使用右侧工具栏中的 Regional Mask Tool，选出要屏蔽的点。

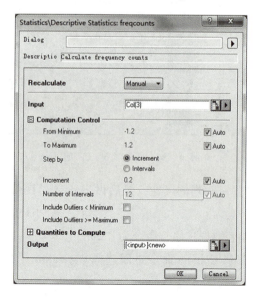

图 4 - 36　**Computation Control**

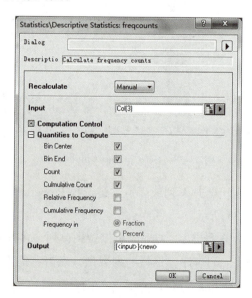

图 4 - 37　**Quantities to Compute**

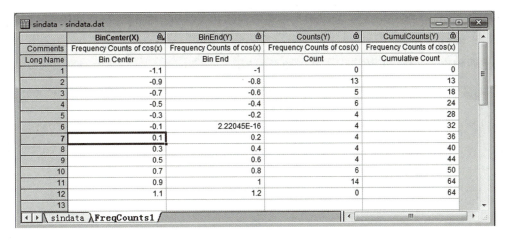

图 4 – 38　统计结果

7. 曲线拟合　用各种曲线拟合数据，在 Analysis 菜单里，常用的有线性拟合、多项式拟合等，还可以利用 Analysis→Non – Linear Curve Fit 里的两个选项做一些特殊的拟和。

默认为整条曲线拟合，但可以设置为部分拟和，和 Mask 配合使用会得到很好的效果。

六、绘制多层图形

图层是 Origin 中的一个很重要的概念，一个绘图窗口中可以有多个图层，从而可以方便地创建和管理多个曲线或图形对象，如图 4 – 39 所示。

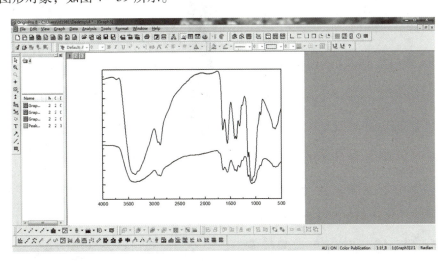

图 4 – 39　多层图形

Origin 自带了几个多图层模板。这些模板允许在取得数据以后，只需单击"2D Graphs Extended"工具栏上相应的命令按钮，就可以在一个绘图窗口把数据绘制为多层图。Origin 几种多图层模板自带的几个模板如下。

（1）双 Y 轴（Double Y Axis）图形模板，如果数据中有两个因变量数列，它们的自变量数列相同，那么可以使用此模板。

（2）水平双屏（Horizontal 2 Panel）图形模板，如果数据中包含两组相关数列，但是两组之间没有公用的数列，那么使用水平双屏形模板，如图 4 – 40 所示。

（3）垂直双屏（Vertical 2 Panel）图形模板，与水平双屏图形模板的前提类似，只不过是两图的排列不同，如图 4 – 50 所示。

（4）四屏（4Panel）图形模板，如果数据中包含四组相关数列，而且它们之间没有公用的数列，那么使用四屏图形模板。

除了以上四种模板，Origin还自带了九屏图形模板。

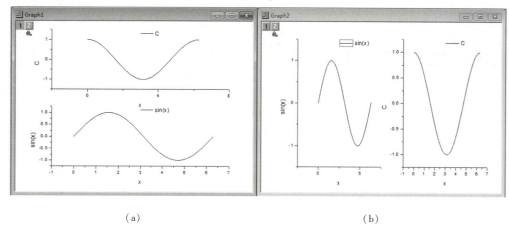

（a）　　　　　　　　　　　　　　　　　（b）

图4-40　水平双屏（a）和垂直双屏（b）

1. 在工作表中指定多个 X 列　如图4-41所示为更改D（Y）为D（X）的操作界面。

图4-41　更改D（Y）为D（X）

如图4-42所示为操作后更改结果界面。

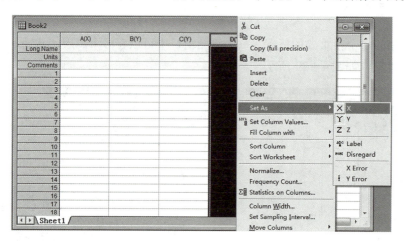

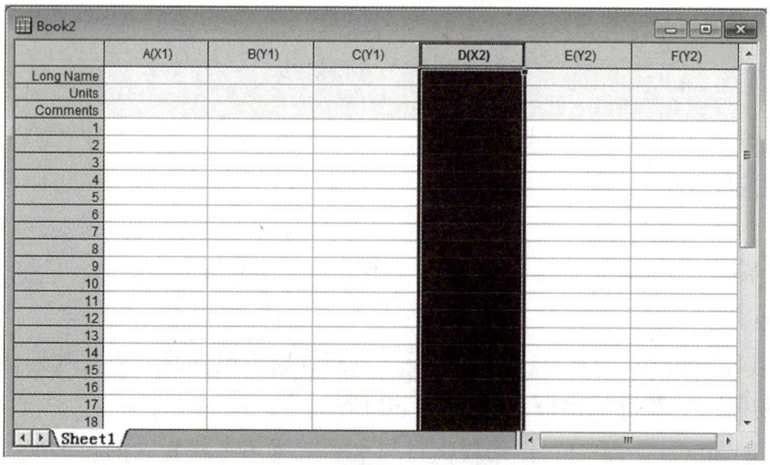

图4-42　更改结果

说明：默认 Y 与左侧最近的 X 轴关联，也就是 B、C 与 A，E、F 与 D 关联。

2. 创建多层图形　下面以双图层为例说明创建绘图窗口的步骤。

（1）创建两个单图层窗口（图 4 – 43）。

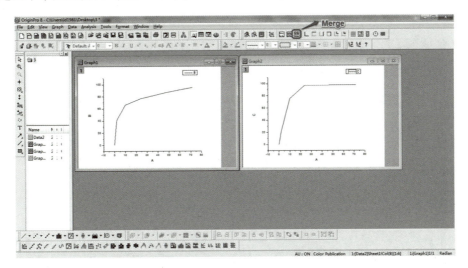

图 4 – 43　创建两个单图层窗口

（2）如图 4 – 43 所示，单击 "Merge" 命令弹出 Graph Manipulation：merge_ graph 对话框如图 4 – 44 所示，将 Number of Rows 和 Number of Columns 设置为 1，点击 OK 即可得到双层图，如图 4 – 45 所示。

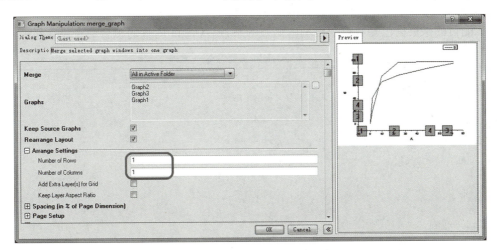

图 4 – 44　Graph Manipulation 对话框

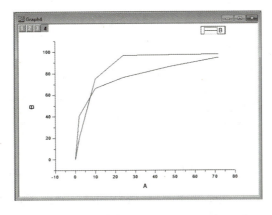

图 4 – 45　双层图

（3）关联坐标轴。Origin 可以在各图层之间的坐标轴建立关联，如果改变某一图层的坐标轴比例，那么其他图层的也相应改变。使用方法：右击图上的 **2** 图标，在调出的 Layer 菜单中点 Layer Properties，弹出 Plot Details 对话框再切换到 Link Axes Scales 选项卡将 Link 选项设置为 Layer1，点击 OK 即可实现坐标轴关联（图 4 – 46）。

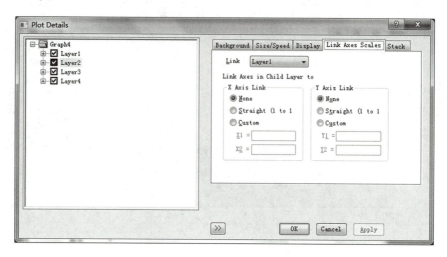

图 4 – 46　坐标轴关联

七、非线性拟合

拟合曲线的目的是根据已知数据找出响应函数的系数，Origin 内置的拟合命令见表 4 – 1。

表 4 – 1　Origin 拟合命令一览表

名称	拟合模型函数
Fit Linear（线性拟合）	$y = A + Bx$
Fit Polynomial（多项式拟合）	$y = A + B_1 x + B_2 x^2$
Fit Exponential Decay（指数衰减拟合）	$y = y_0 + A_1 e^{-x/t_1}$
Fit Exponential Growth（指数增长拟合）	$y = y_0 + A_1 e^{x/t_1}$
Fit Sigmoidal（S 拟合）	$y = \dfrac{A_1 - A_2}{1 + e^{(x - x_0)/\mathrm{d}x}} + A_2$
FitGaussion Gaussion（拟合）	$y = y_0 + \dfrac{A}{w \cdot \sqrt{\dfrac{\pi}{2}}} e^{-\dfrac{2(x - x_0)^2}{w^2}}$
Fit Lorentzian（Lorentzian 拟合）	$y = y_0 + \dfrac{2A}{\pi} \cdot \dfrac{w}{4\,(x - x_0)^2 + w^2}$
Fit Multipeaks（多峰值拟合）	按照峰值分段拟和，每一段采用 Gaussion 或者 Lorentzian 方法
Nonlinear Curve Fit（非线性曲线拟合）	内部提供了相当丰富的拟合函数，支持用户自定义

为了给用户提供更大的拟合控制空间，Origin 提供了三种拟合工具，即线性拟合工具、多项式拟合工具和 S 拟和工具。

八、数据分析

数据分析主要包含下面几个功能：简单数学运算（simple math）、统计（statistics）、快速傅里叶变换（FFT）、平滑和滤波（smoothing and filtering）、基线和峰值分析（baseline and peak analysis）。

1. 简单数学运算　以图 4 – 47 中的数据为例进行计算，得如图 4 – 48 所示三条曲线。

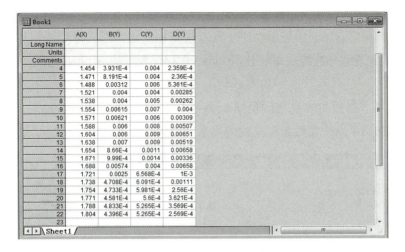

图 4-47　三条曲线的数据

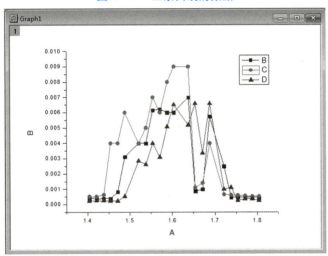

图 4-48　三条曲线

（1）算术运算　这是实现 $Y=Y_1(+-\times\div)Y_2$ 的运算，其中 Y 和 Y_1 为数列，Y_2 为数列或者数字。在菜单栏依次选择命令为：Analysis→Mathematics→Simple Math，弹出，Simple Math 工具设置选项卡，如图 4-49 所示。

图 4-49　Simple Math 工具

图 4 – 49 中 Input 选项为设置要运算曲线的起止点，方法为点击，此时光标自动变为闪烁的竖线，然后在窗口上双击左键确定起始点，最后在终止点双击鼠标左键，以选择需要运算的曲线。Operator 为运算规则，Operand 设定减数是曲线获知常数。Output 选项设置方法与 Input 相同，全部设置好后，点击 OK 得到结果。

（2）减去参考直线　激活曲线 C，选择 Analysis→Data Manipulation→Subtract：Straight Line，在图上双击选择参考直线上的两个点，此时曲线 C 变为原来的减为这条直线后的曲线（图 4 – 50）。

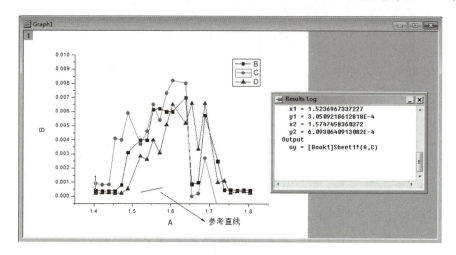

图 4 – 50　减去参考直线

（3）垂直和水平移动　垂直移动指选定的数据曲线沿 Y 轴垂直移动。步骤如下：激活数据曲线 C，选择 Analysis→Data Manipulation→Translate→Vertical ，这时会出现一条水平线，此时可拖动曲线 C 沿 Y 轴垂直移动（图 4 – 51）。

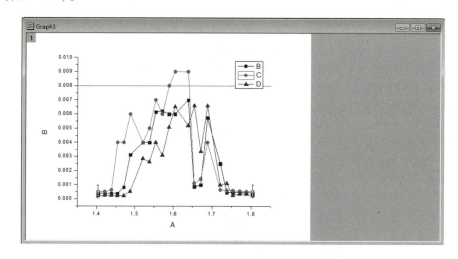

图 4 – 51　垂直移动

这时工作表内曲线 3 的纵坐标值也自动更新为原曲线 1 数列的值加上移动的数值，同时曲线 1 也更新。水平移动的操作和垂直移动相同。

（4）多条曲线平均　多条曲线平均是指在当前激活的数据曲线的每一个 X 坐标处，计算当前激活的图层内所有数据曲线的 Y 值的平均值。在菜单栏，依次选择：Analysisi→Mathematics→Average Multiple Curves 命令，操作过程及结果如图 4 – 52、4 – 53 所示。

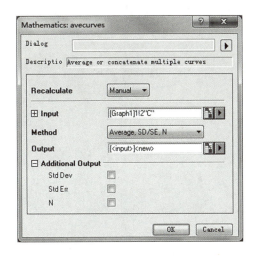

图 4-52　Avecurves 选项卡

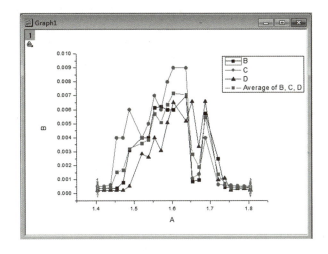

图 4-53　平均 B，C，D 曲线

（5）插值　插值是指在当前激活的数据曲线的数据点之间利用某种方法估计可信的数据点。操作步骤为：Analysis→Mathematics→Interpolate and Extrapolate。插值命令设置界面如图 4-54 所示。

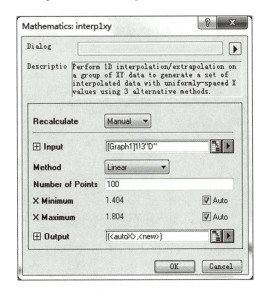

图 4-54　Interplxy 选项

Input 选项为选择起止点，设定好插值个数后点击 OK 即可得到插值后的曲线。

（6）微分　求当前曲线的导数，命令为：Analysis→Mathematics→Differentiate。

（7）积分　对当前激活的数据曲线用梯形法进行积分，命令为：Analysis→Mathematics→Integrate。

2. 统计　Orgin 的统计功能主要包括：平均值（mean）、标准差（standard deviation，Std，SD）、标准误差（standard error of the mean）、最小值（minimum）、最大值（maximum）、百分位数（percentiles）、直方图（histogram）、T 检验（T-test for one or two populations）、方差分析（one-way ANOVA）、线性、多项式和多元回归分析（linear，polynomial and multiple regression analysis）

九、数据的输入输出

1. 数据导入导出　导入数据用 Import 命令，使用导入向导可以导入多种格式的数据，这里可设置的选项很多，按照提示即可导入数据（图 4-55）。

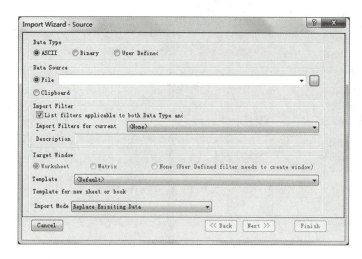

图 4 – 55　Import Wizard

数据导出：Export ASCII，会调出选项对话框，可以设置以何种方式分割数据列以及文件的格式（图 4 – 56）。

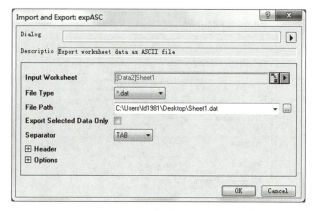

图 4 – 56　数据分割方式选项

2. 图形和版面的导出　激活绘图窗口，Edit→Copy Page 就可以复制图像。而 File→Export Page 可以把图像存为图像文件。

3. 在其他应用程序中使用 Origin　在装有 Origin 软件的电脑上，Word 中可以直接插入 Origin 图像，并可以直接在 Word 中通过双击这个图形来调用 Origin 来编辑图片。

插入方法如下。

（1）插入→对象→Origin Graph，这将新建一个空白的 Origin 图形（图 4 – 57）。

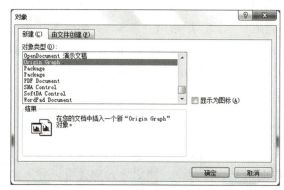

图 4 – 57　插入 Origin 图形

（2）Edit→Copy Page 在 Word 中直接粘贴。

（3）利用插入→从文件创建，把以前做好的 Origin 文件插入进来（图 4－58）。

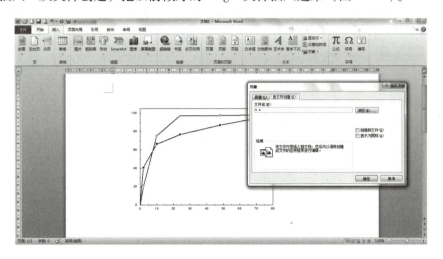

图 4－58　从文件创建

图 4－59 为在 Word 中直接编辑 Origin 文件的窗口。

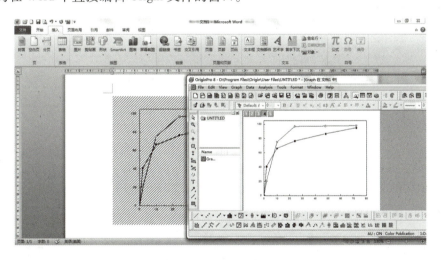

图 4－59　在 Word 中编辑 Origin 图像

十、绘图中的常见问题

以下列出了在实验数据处理、绘图过程中常见的问题及解决方法，以供参考。

问题 1. 怎样反读出 Origin 曲线上全部数据点？用 10 个数据点画出了一条 Origin 曲线，保存为 OPJ 格式。现在想利用 OPJ 文件从这条曲线上取出 100 个数据点的数值，该如何做？

解答：Origin 中，在分析菜单（或统计菜单）中有插值命令，打开设置对话框，输入数据的起点和终点以及插值点的个数，生成新的插值曲线和对应的数据表格。以离心泵 η－Q 曲线（图 4－60）为例，曲线中有 10 个数据点。具体步骤如下。

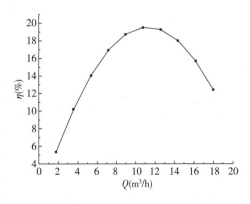

图 4－60　离心泵 η－Q 曲线

（1）使用插值命令依次选择：Analysis→Mathematics→Interpolate and Extrapolate…（图4-61）。

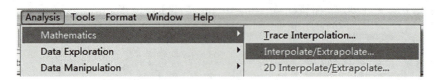

图4-61　选择插值命令

（2）在弹出的插值设置对话框中，设置插值选项其中 Recalculate 默认即可，Input 设置插值起止点，Method 选择 Cubic Spline（三次样条插值），Mumber of Points 填100，其他默认如图4-62所示，设置完成后点击"OK"，图4-63为插值后的曲线。

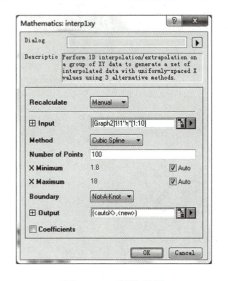

图4-62　插值设置

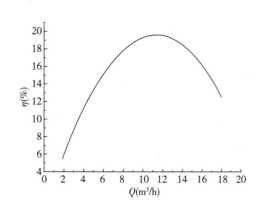

图4-63　插值后的曲线

（3）右击插值后的曲线弹出菜单选择"Plot Details"，如图4-64所示，点击"Workbook"按钮查看插值后的数据点（图4-65）。

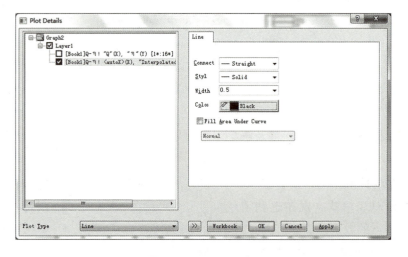

图4-64　Plot Detail　　　　　　　　　　　图4-65　查看数据点

问题2. 如何用 Qrigin 作出用不同形状标记的曲线，如三角形、方块？

解答：选中左侧竖工具条中的 Draw Data 命令 （显示是几个点，第九个工具），移动到要标注的位置双击，就产生了一个点，依次标注完方块。再标注三角的第一个点，标注完后改成三角，以后标注的就都是三角了。改动点的类型的方法和正常画曲线方式一样。

问题 3. Origin 能否读取导入曲线的坐标? 一张 bmp 格式的图片,图片内容是坐标系和拟合曲线,但是不知道用什么软件绘制的。请问能否将该图片导入 Origin,读出曲线上任意一点的数据?

解答:Origin 有一个图形数字化插件可完成该任务,插件是 digitizer,下载地址:http://www. originlab. com/fileexchange/details. aspx? fid = 8 下载后得到 Digitize. OPK 文件,将该文件拖入 Origin 主界面,连续弹出两个对话框,全部点击"OK"则该插件安装完毕,以后可以使用"View"→"Toolbars"命令管理该插件,如图 4 - 66 所示。

图 4 - 66　使用 Toolbars 命令管理工具栏按钮

读取坐标方法如下。

(1)点击"Digitizer"按钮,打开图形数字化窗口,如图 4 - 67 所示。将要读取的曲线粘贴到窗口中。

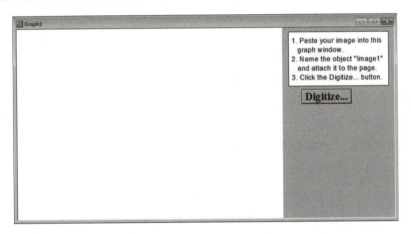

图 4 - 67　Digitizer 工具窗口

(2)在窗口中调整图形尺寸,如图 4 - 68 所示。

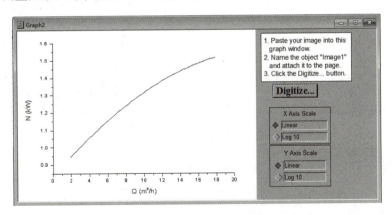

图 4 - 68　调整图形尺寸

(3)右键单击图片弹出菜单,选择"Programming Control…",弹出对话框。

（4）在"Object Name"文本框中输入"image1"，在"Attach to"中选择"Page"选项，其他选项默认即可，如图 4 - 69 所示。单击 OK。

（5）为 X、Y 轴选择正确的数据类型，Linear—线性坐标，Log 10—对数坐标，如图 4 - 70 中 1 所示。

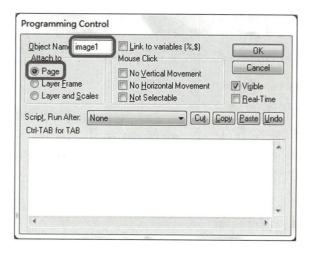

图 4 - 69   Programming Control 选项卡

图 4 - 70   选择坐标类型

（6）单击图 4 - 70 中 2 位置的"Digitize…"按钮。

（7）弹出如图 4 - 71 所示对话框，填入图上两个 X 值作为 X 轴的参照（最好取整数）。

（8）在图上双击选取两个点对应上边给出的两个 X 值（这里不需要考虑 Y 轴，注意图 4 - 72 中的圆圈是上面选取的 X 轴参考点）。

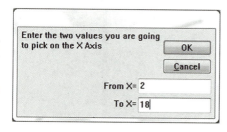

图 4 - 71   选择 X 轴对应值

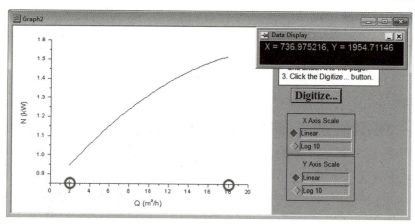

图 4 - 72   选取 X 轴参考点

（9）对 Y 轴重复 7、8 两个步骤，选取 Y 轴参考点。

（10）通过鼠标在图上选取数据点，可以按照图 4 - 73 圆圈位置依次沿曲线选取数据点。

（11）选取完数据点后，按下 ESC 键结束。

（12）Origin 会在之前确定的坐标系中将曲线绘制出来，如图 4 - 74 所示。

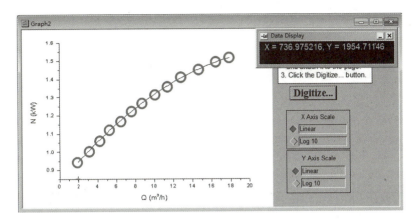

图 4 - 73　选取曲线上的数据点

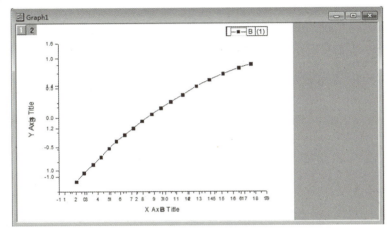

图 4 - 74　新绘制出的曲线

（13）使用"Plot Details…"和"Workbook"命令来读取数据点。

问题 4. 如何在 Origin 作曲线的切线？

解答：Origin 软件的 Tangent 插件可以过曲线上一点绘制切线，下载地址为：http：//www. originlab. com/fileexchange/details. aspx？fid=106。下载后得到该插件，双击或将其拖入 Origin 主界面，完成插件安装后即可使用。以离心泵实验的 $N - Q$ 曲线为例说明使用方法如下。

（1）输入数据（图 4 - 75）。

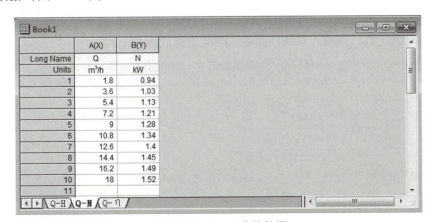

图 4 - 75　$N - Q$ 曲线数据

（2）作图（图 4 - 76），使用二项式对曲线拟合"Analysis"→"Fitting"→"Fit Polynomial"→"Open Dialogue"（图 4 - 77）。

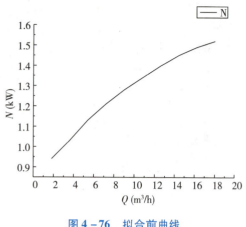

图 4-76　拟合前曲线　　　　　　　　　　　图 4-77　拟合后曲线

（3）此时无法对拟合后的曲线做切线，因为这条拟合的新曲线不是真正的曲线，由很多不连续的点组成，所以不能画出切线。此时，只要把刚才拟合所生成的点再当做实验数据输入一遍就行了（图 4-78）。

（4）点击插件⊞，在图上找到一个点，双击切线就出现了（图 4-79），其中 slope 为斜率。

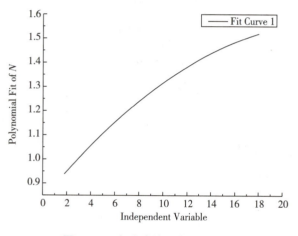

图 4-78　新生成的拟合后的曲线　　　　　图 4-79　作出的切线

问题 5. Origin 软件能设置有效数字的位数吗？

解答：在 Tool - Option - Numeric Format - Number of Decimal 里面改。

问题 6. 在 Origin 中如何同时在一个图里显示多个曲线，每组数据横坐标一样，纵坐标不同。

解答：使用 Merge 工具。以离心泵特性曲线的绘制为例进行介绍。

（1）分别拟合 $N-Q$、$H-Q$、$\eta-Q$ 三条曲线，如图 4-80 ~ 图 4-85。

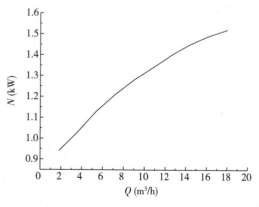

图 4-80　拟合前 $N-Q$ 曲线

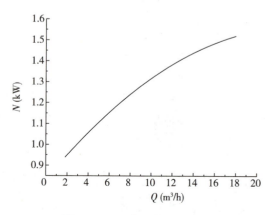

图 4-81　拟合后 $N-Q$ 曲线

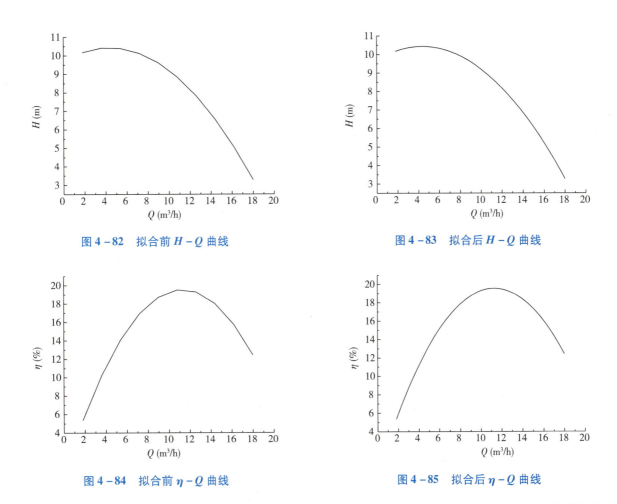

图 4 – 82　拟合前 *H* – *Q* 曲线

图 4 – 83　拟合后 *H* – *Q* 曲线

图 4 – 84　拟合前 *η* – *Q* 曲线

图 4 – 85　拟合后 *η* – *Q* 曲线

（2）选中三条拟合后的曲线后，点击工具栏上的 Merge 工具，如图 4 – 86 所示，得到三条曲线合并的图，经过调整后的得到图 4 – 87。

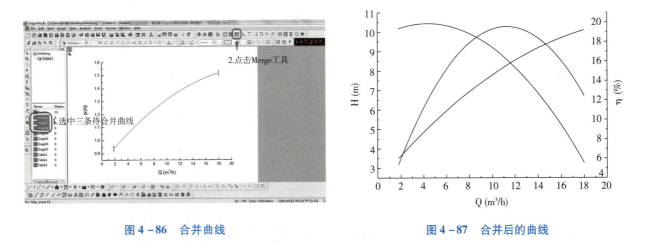

图 4 – 86　合并曲线

图 4 – 87　合并后的曲线

问题 7. 在 Origin 中，把纵坐标的数值同时增大 1000 倍。

解答：

（1）在 Tick Labels 标签的 Divide by 中输入 0.001 即可，如图 4 – 88 所示。另外，有关坐标轴的所有设置都在此处。

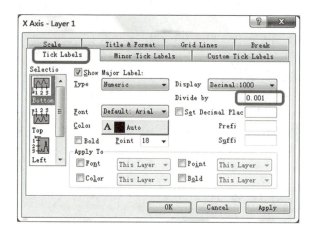

图 4 – 88　X 轴设置选项卡

（2）可以把原数据放大 1000 倍就是在 Book 中增加多一列，把值放大 1000 倍，然后再画图就可以了。选中新增的纵坐标栏，右键，选择 Set Column Values，然后在对话框中输入 Col（B）*1000，点 OK 就可以了（假设纵坐标栏是 B 栏）。

问题 8. 如何分段拟合曲线？

解答：使用"Analysis"→"Fitting"菜单下相应的拟合方式，具体步骤如下。

（1）将图 4 – 89 所绘制的曲线在第五个数据点（图 4 – 90）处分段拟合，分别拟合成直线。

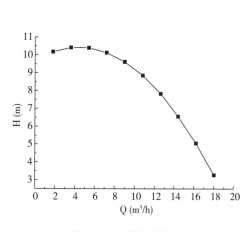

图 4 – 89　待拟合曲线

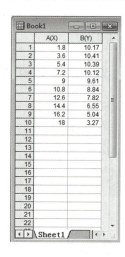

图 4 – 90　数据点

（2）在"Analysis"菜单下选择"Fitting"→"Fit Linear"→"Open Dialog"（图 4 – 91）。

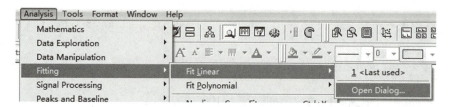

图 4 – 91　选择拟合直线命令

（3）在拟合选项卡中设置拟合范围，如图 4 – 92 所示，点击红色圈中的按钮选择拟合范围。

（4）如图 4 – 91，按住左键拖动鼠标选择拟合的起止点，选择好后，点击图 4 – 92 中右侧圆圈内的图标，即可回到图4-93拟合设置界面。

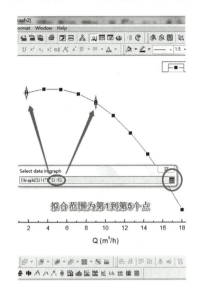

图4-92　拟合范围设置图

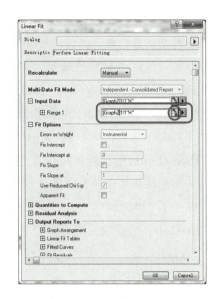

图4-93　曲线拟合范围

（5）设置好拟合范围后，点击"OK"完成拟合，如图4-94，第一段曲线拟合完毕。

（6）同理，按照以上步骤选择另外一段曲线拟合，最终拟合好的曲线如图4-95所示。

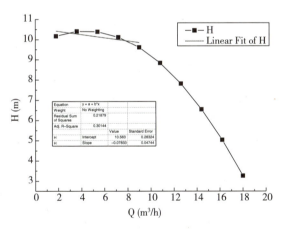

图4-94　第一段曲线拟合结果

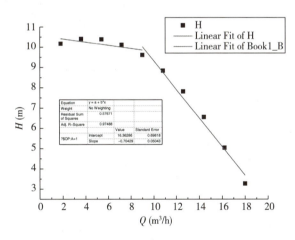

图4-95　分段拟合结果

目标检测

答案解析

1. 在Excel中，一个工作簿就是一个Excel文件，其扩展名为（　　）

   A. XLSX　　　　　　　B. DBFX　　　　　　　C. EXEX　　　　　　　D. LBLX

2. 下列有关Excel工作表单元格的说法中，错误的是（　　）

   A. 每个单元格都有固定的地址

   B. 同列不同单元格的宽度可以不同

   C. 若干单元格构成工作表

   D. 同列不同单元格可以选择不同的数字分类

3. 下列关于 Excl 公式或函数的说法中，错误的是 （   ）

A. 公式中的乘、除号分别用 ＊、／表示

B. 公式复制后，被引用的地址有可能变化

C. 公式必须以 " ＝" 号开头

D. 函数 "MAX（A1：C3）" 引用了 4 个单元格

4. 用鼠标拖放操作复制单元格数据时必须同时按住 （   ）键。

A. ＜Tab＞   B. ＜Alt＞   C. ＜Ctrl＞   D. ＜Shift＞

5. 在 Excel 工作表中，能在同一单元格中显示多个段落的操作是 （   ）

A. 将单元格格式设为自动换行   B. 按组合键 ＜Alt＞ ＋ ＜Enter＞

C. 合并上下单元格   D. 按 ＜Enter＞ 键

6. 在 Excel 中，公式输入完后应按 （   ）

A. ENTER   B. CTRL ＋ ENTER

C. SHIFT ＋ ENTER   D. CTRL ＋ SHIFT ＋ ENTER

7. 在 Excel 中，如果 A1：A5 单元格的值依次为 100、200、300、400、500，则 MAX（A1，A5）＝ （   ）

A. 600   B. 500   C. 1200   D. 1500

8. 在 Excel 中，公式 SUM（C2，C6）的作用是 （   ）

A. 求 C2 到 C6 这 5 个单元格数据之和   B. 求 C2 和 C6 这 2 个单元格数据之和

C. 求 C2 和 C6 这 2 个单元格的比值   D. 以上说法都不对

9. 在 Origin 使用中，使用内部函数，Col（A）可以在 A 列输入行号的数据（1，2，3，4），其表达式为 （   ）

A. Col（A）＝ i   B. Col（A）＝ ［i］   C. Col（A）＝ i ＋ 1   D. Col（A）＝ Ai ＋ 1

10. 在 Origin 的编辑窗口中，设 Col（A）＝ 3.14 ＊ 2/360，Col（B）＝ Cos（Col（A）），共计 360 行，若以 Col（A）、Col（B）两列数据作图，Col（A）为横坐标，则该曲线为 （   ）

A. 直线   B. 圆   C. 正弦波   D. 余弦波

书网融合……

题库

微课1

微课2

本章小结

第五章　制药单元仿真实训系统概述

微课

PPT

学习目标

1. 掌握计算机仿真的基本概念和基本理论。
2. 熟悉仿真系统平台学员站的基本操作。
3. 了解仿真系统平台 PISP – 2000 评分系统。

第一节　仿真技术简介

仿真实习技术是以仿真机为工具，用实时运行的动态数学模型代替真实工厂进行教学实习的一门新技术。仿真机是基于电子计算机、网络或多媒体部件，由人工建造的，模拟工厂操作与控制或工业过程的设备，同时也是动态数学模型实时运行的环境。动态数学模型是仿真系统的核心，是依据工业过程的数据源由人工建立的数学描述。这种数学描述能够产生与工业过程相似的行为数据。动态数学模型一般由微分方程组成。用于仿真实习的动态数学模型应当满足：数值求解的实时性、全量程随机可操作性、逼真性和高度可靠性。

制药单元仿真实训系统以仿真软件为平台，以真实的制药工厂单元及工段为背景，以仿真机为工具，用实时运行的动态数学模型模拟真实的带有控制点的设备和工艺流程实际操作，以完成如何开车、停车及常见的事故处理的全过程。本教材相关内容包括：盐酸曲唑酮、美罗培南等流程工段的操作，涉及制药过程中的换热单元、液位控制单元、结晶单元、过滤单元、干燥单元等典型的单元操作。

一、DCS 集散控制系统介绍

1. 系统仿真　系统仿真是运用物理模型或数学模型代替真实物体或系统的模型进行实验和研究的一门应用技术科学，按所用模型分为物理仿真和数字仿真两类。物理仿真是以真实物体或系统，按一定比例或规律进行微缩或扩大后的物理模型为实验对象。数字仿真是以真实物体或系统规律为依据，建立数学模型后，在仿真机上进行研究。与物理仿真相比，数字仿真具有更大的灵活性、能对截然不同的动态特性模型做实验研究，为真实物体或系统的分析和设计提供十分有效而经济的手段。

2. 过程系统仿真　过程系统仿真是指过程系统的数字仿真。它要求描述过程系统动态特性的数学模型，能在仿真机上再现该过程系统的实时特性，以达到在该仿真系统上进行实验研究的目的。过程系统仿真由三个主要部分组成，即过程系统、数学模型和仿真机。这三部分由建模和仿真两个关系联系在一起。

3. DCS 仿真系统及其优越性　DCS 是 distributed control system 的缩写，简称集散控制系统，即称分布式控制系统，是使用多台计算机分担了系统的控制功能和范围，实现控制回路分散化、事故的危险性分散化、数据管理集中化的控制系统。仿真系统的主要作用表现为以下几个方面。

（1）过程系统通常属于大型工业系统，其流程复杂、投资巨大、生产连续性强。仿真技术为学生提供充分的动手机会，学生在计算机上可以反复停车、开车甚至设计故障，克服了不能在实际工厂中所进行的操作训练。

（2）仿真软件提供快门设定、工况冻结、时标设定、成绩评定、趋势记录、报警记录、参数设定等特殊功能，便于教师在教学过程中实施各种新的教学方法和培训方法。

（3）高质量的仿真模型具有预测性。利用高速大容量仿真机，可以在短时间内预测实际过程系统数月甚至数年时间中所发生的现象和事件，这是仿真技术的"超时空"优点。如：某一生产的产量、催化剂使用失活即随时间下降趋势等状态变化。

（4）可以设定实际过程系统根本不允许作的实训操作。如在仿真机上可以设定各种极限运行状态、破坏性试验及各种事故，利用仿真技术不会造成任何损失，是最安全的试验方法，并可提高学生的分析能力和在复杂情况下的决策能力。

（5）在仿真机上，学习者可以根据自己的具体情况有选择地学习。例如自行设计，试验不同的开、停车方案，试验复杂控制方案，优化操作等。

（6）动态仿真数学模型可以产生仿真系统受到各种外部扰动或操作变化的动态响应，即模型的预测性。采用仿真技术可以辅助工程技术人员认识和分析过程系统，防止人为思维惯性所产生的遗忘导致的试验、研究或设计中的重大失误。

二、仿真实训的作用

仿真实训对于学生了解工艺和控制系统的动态特性，提高对工艺过程的运行和调整控制能力具有特殊的作用。能充分反映学生运用所学的理论知识分析和解决问题的水平。主要作用有以下几项。

1. 深入了解制药过程系统的操作原理，提高学生对典型化工过程的开车、停车运行能力。
2. 掌握调节器的基本操作技能，熟悉 PID 参数的在线整定。
3. 掌握复杂控制系统的投运和调整技术。
4. 提高对复杂化工过程动态运行的分析和决策能力，提出最优开车方案。
5. 在熟悉开、停车和复杂控制系统的调整基础上，训练识别事故和排除事故的能力。
6. 通过仿真培训，能更科学地考核与评价学生达到的操作水平以及理论联系实际的能力。

任何一项新的技术都有其局限性，当前的仿真实习系统还无法产生真实化工生产过程的临境感受，也无法实现对不同设备的拆装技能和力度训练。这些功能可能将来部分由虚拟现实（VR）技术实现。

三、仿真实习软件的主要用途

仿真实习软件不单能解决生产实习问题，在工程教学中还有多种用途。

1. 认识实习　用于新入学的学生了解化工、制药生产过程的工艺与新型计算机控制系统。

2. 课堂演示　结合工厂实际，在相关课程中由教师进行课堂动态模拟演示。

3. 课程设计　通过仿真操作从动态模拟软件获取工业数据，将设计结果进行模拟检验。

4. 过程控制　掌握工业（PID）调节器的使用、参数调整及复杂控制系统的投运方法。

5. 化工安全　通过动态模拟试验，了解事故动态演变过程的特性，理解事故工况下的安全处理方法，理解安全保护控制系统的作用原理。

第二节　过程仿真系统平台学员站使用说明

一、程序启动

1. 启动　双击桌面"东方仿真客户端"图标，弹出运行界面（图 5 - 1）。

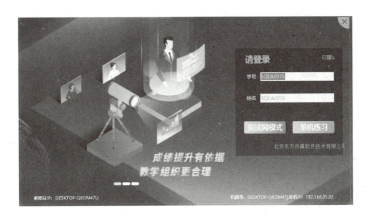

图 5 - 1　系统启动界面

2. 运行方式选择　系统启动界面出现之后，可选择系统运行方式，包括单机练习、局域网模式。单机练习是在没有连接教师站的情况下运行系统，而局域网模式一般用于对学生学习成绩的考核，可将学生成绩提交到教师站，由教师对学生成绩统一评定和管理。选择运行方式后，依次出现图 5 - 2、图 5 - 3 画面，输入姓名、学号确定后，进入工艺选择界面。

图 5 - 2　教室选择界面

图 5 - 3　确认姓名学号界面

3. 工艺选择　点击图 5 - 4 所示左框中的工艺选项，然后在右边列表单击选择所要练习和考核的项目，点击确定。

图 5 - 4　化学制药典型工艺单元仿真软件工艺选择界面

二、程序主界面

程序主界面包括菜单栏、流程画面、功能钮，任务栏上显示有东方仿真客户端图标（图5-5）。点击该图标，可以在程序界面和操作质量评分系统界面切换（注意：在没有完成操作时，不要点击关闭任意一个界面）。

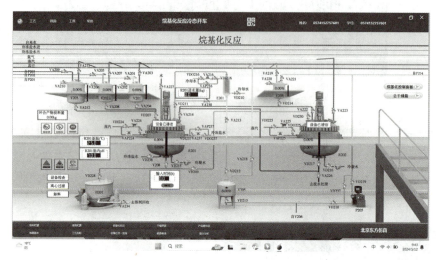

图5-5　烷基化反应冷态开车程序主界面图

1. 菜单介绍

（1）工艺菜单　如图5-6所示。

"工艺"菜单包括当前信息总览、重做当前任务、重选任务、进度存盘、进度重演、冻结/解冻、系统退出。仿真操作时，依据需要选择不同选项。

进度存盘：保存当前进度，以便下次调用可直接从当前进度运行。

进度重演：读取所保存的快门文件（*.sav），可直接从所保存的进度开始运行程序。

冻结/解冻：工艺仿真模型处于"冻结"状态时，不进行工艺模型的计算；相应地，仿DCS软件也处于"冻结"状态，不接受任何工艺操作（即：任何工艺操作视为无效）。而其他操作，如画面切换等，不受程序冻结的影响。程序冻结相当于暂停，所不同的是，它只是不允许进行工艺操作，而其他操作并不受影响。这一功能在教师统一讲解时非常有用，即不会因停止工艺操作而使工艺指标失控，又不影响翻看其他画面。

（2）画面菜单　"画面"菜单包括程序中的所有画面。选择菜单项（或按相应的快捷键）可以切换到相应的画面（图5-7）。

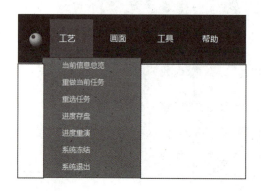

图5-6　工艺菜单示图

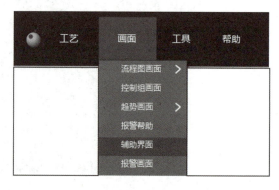

图5-7　画面菜单示图

（3）工具菜单　“工具”菜单包括变量监视和仿真时钟设置（图 5－8）。

变量监视：监视变量。可实时监视变量的当前值，察看变量所对应的流程图中的数据点、对数据点的描述以及数据点的上下限（图 5－9）。

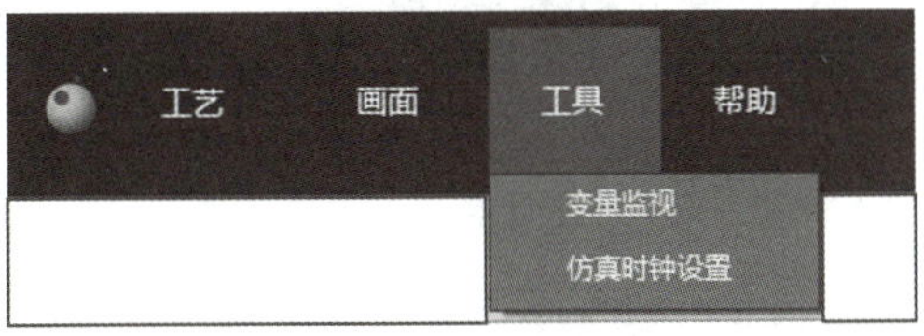

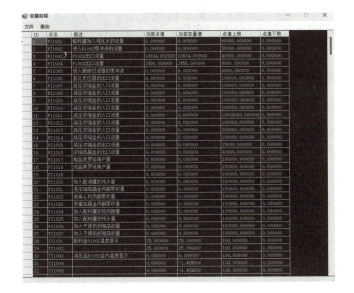

图 5－8　工具菜单示图

ID	点名	描述	当前点值	当前变量值	点值上限	点值下限
1	FI1001	配料罐加入纯化水的流量	0.000000	0.000000	60000.000000	0.000000
2	FI1002	进入R1002缓冲液的流量	0.000000	0.000000	50000.000000	0.000000
3	FI1003	P1002出口流量	10824.002930	10824.002930	40000.000000	0.000000
4	FI1004	P1003出口流量	2456.000000	2456.000000	8000.000000	0.000000
5	FI1005	进入脱碳过滤器的缓冲液	0.000000	0.000000	6000.000000	0.000000
6	FI1006	氢化反应器的出口流量	0.000000	0.000000	100000.000000	0.000000
7	FI1007	减压浓缩釜的入口流量	0.000000	0.000000	100000.000000	0.000000
8	FI1008	减压浓缩釜的入口流量	0.000000	0.000000	100000.000000	0.000000
9	FI1009	减压浓缩釜的入口流量	0.000000	0.000000	100000.000000	0.000000
10	FI1010	减压浓缩釜的入口流量	0.000000	0.000000	100000.000000	0.000000
11	FI1011	减压浓缩釜的入口流量	0.000000	0.000000	10000000.000000	0.000000
12	FI1012	减压浓缩釜的入口流量	0.000000	0.000000	100000.000000	0.000000
13	FI1013	减压浓缩釜的入口流量	0.000000	0.000000	200000.000000	0.000000
14	FI1014	减压浓缩釜的入口流量	0.000000	0.000000	100000.000000	0.000000
15	FI1015	减压浓缩釜的出口流量	0.000000	0.000000	15000.000000	0.000000
16	FI1016	浓缩结晶釜的出口流量	0.000000	0.000000	40000.000000	0.000000
17	FI1017	粗品美罗培南产量	0.000000	0.000000	100000.000000	0.000000
18	FI1018	成品美罗培南产量	0.000000	0.000000	100000.000000	0.000000
19	FI1019		0.000000	0.000000	100000.000000	0.000000
20	FI1020	加入配液罐的纯水量	0.000000	0.000000	100000.000000	0.000000
21	FI1021	进浓缩结晶釜丙酮累积量	0.000000	0.000000	100000.000000	0.000000
22	FI1022	进离心机丙酮累积量	0.000000	0.000000	100000.000000	0.000000
23	FI1023	进重结晶釜丙酮累积量	0.000000	0.000000	100000.000000	0.000000
24	FI1024	加入配料罐的异丙醇量	0.000000	0.000000	100000.000000	0.000000
25	FI1025	加入配料罐的纯水量	0.000000	0.000000	100000.000000	0.000000
26	FI1026	加入干燥机的粗品的量	0.000000	0.000000	100000.000000	0.000000
27	FI1027	加入干燥机的粗品的量	0.000000	0.000000	100000.000000	0.000000
28	TI1001	配料釜V1001温度显示	25.000000	25.000000	100.000000	0.000000
29	TI1002		25.000000	25.000000	100.000000	0.000000
30	TI1003	减压釜R1003釜内温度显示	0.000000	0.000000	100.000000	0.000000
31	TI1004		0.000000	-1.#IND00	100.000000	0.000000
32	TI1005		0.000000	-1.#IND00	100.000000	0.000000

图 5－9　变量监视画面示图

变量监视中有文件菜单和查询菜单，通常不用于操作，所以操作者不必掌握。

仿真时钟设置，即时标设置，设置仿真程序运行的时标。选择该项会弹出设置时标对话框（图 5－10）。时标以百分制表示，选择不同的时标可加快或减慢系统运行的速度。系统运行的速度与时标成正比。通常情况下，默认时标为 100，时标越大，完成操作所需要的相对时间就越小。

（4）帮助菜单　帮助菜单包括操作手册、激活管理、关于等（图 5－11）。可以下载“操作手册”，获得本单元操作的学习资料。

图 5－10　仿真时钟设置窗口示图

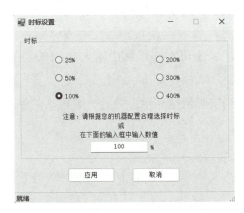

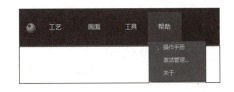

图 5－11　帮助菜单示图

2. 功能钮介绍　在通用 DCS 系统中有两排功能钮，点击功能钮可以实现在不同画面间的切换（图 5－12）。

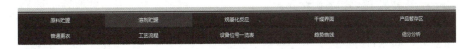

图 5－12　功能钮示图

（1）流程图画面（以烷基化反应为例）　流程图画面是主要的操作界面，包括流程图、显示区域和可操作区域。

显示区域用来显示流程中的工艺变量的值。显示区域又可分为数字显示区域和图形显示区域。数字显示区域相当于现场的数字仪表（图5-13）。图形显示区域相当于现场的显示仪表（图5-14）。

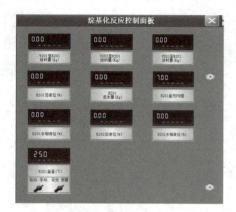

图5-13　数字显示区域

图5-14　图形显示区域（罐外面的液柱）

可操作的区域又称为触屏，当鼠标光标移到上面时会变成一个手的形状，表示可以操作。鼠标单击时会根据所操作的元素有不同的效果，如点击按钮，可以在"现场"和"控制室"两个画面间切换，但是对于不同风格的操作系统即使所操作的元素相同也会出现不同的效果。

对于通用DCS风格的操作系统包括：弹出不同的对话框、显示控制面板等。在现场界面出现的对话框的标题为所操作区域的工位号及描述等。对话框一般包括下面五种。

对话框1一般用来设置泵的开关，阀门开关等一些开关形式（即只有是与否两个值）的量。点击"开"或"关"按钮上面的文本框内会显示确认的信息（图5-15）。

对话框2一般用来设置阀门开度或其他非开关形式的量。上面的文本框内显示该变量的当前值。在下面的文本框内输入想要设置的值，然后按回车键即可完成设置，如果没有按回车而点击了对话框右上角的关闭按钮，设置将无效（图5-16）。

对话框3用来设置阀门开度，可连续点击"开"或"关"，也可在文本框中输入0~100之间的数值，点回车键确认，即可改变阀门开度的大小（图5-17）。

对话框4是计量泵控制画面，自动状态下输入预设值，当实际值达到预设值后，泵自动关停。手动状态下可以重新调节泵的预设值（图5-18）。

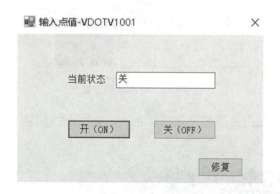

图5-15　弹出对话框1

图5-16　弹出对话框2

图5－17　弹出对话框3

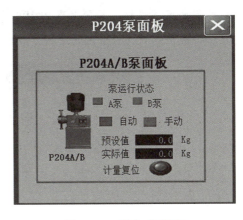

图5－18　弹出对话框4

在DCS图中会出现控制面板对话框5（图5－19），显示控制回路中所控制的变量参数的测量值（PV）、给定值（SP）、当前输出值（OP），手动（MAN）、自动（AUT）、串级（CAS）等方式的设定。在"手动"方式下可设定输出值（OP）；在"自动"方式下可设定给定值（SP）；如果控制系统要求串级（CAS）方式调节，则测量值达到给定值后，切换到串级（CAS）方式。

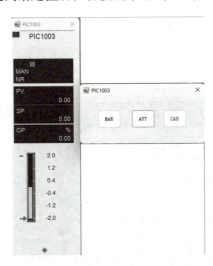

图5－19　弹出对话框5

（2）控制组画面　控制组画面包括流程中所有的控制仪表和显示仪表（图5－20）。

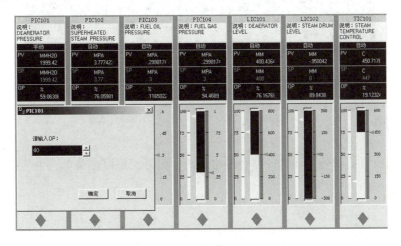

图5－20　控制组画面

（3）报警画面　选择"报警"菜单中的"显示报警列表"，将弹出报警列表窗口（图5-21）。报警列表显示了报警的时间、报警的点名、报警点的描述、报警的级别、报警点的当前值及其他信息。

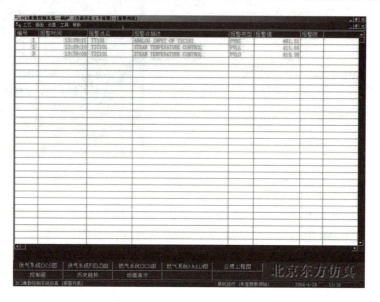

图5-21　报警列表

（4）趋势画面　通用DCS在"趋势"菜单中选择某一菜单项，会弹出如图5-22所示的趋势图，该画面显示控制点的当前值和历史趋势。

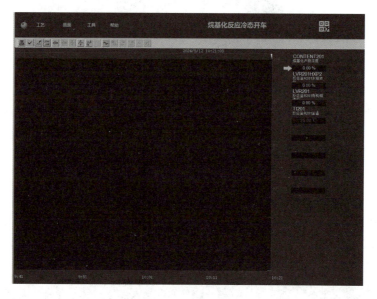

图5-22　趋势画面

三、退出系统

直接关闭流程图窗口或评分文件窗口都会退出系统，另外，还可在菜单、工艺菜单中点击"系统退出"退出系统。

四、位号定义说明

表 5 - 1　位号定义及缩写说明（1）

序号	位号	说明
1	TI101	温度指示
2	LIC101	液位指示控制
3	PIC101	压力指示控制
4	PI101	压力显示
5	PI103	压力显示
6	PI102	压力显示
7	PI104	压力显示
8	FIC101	流量指示控制
9	P101A、P101B	泵

表 5 - 2　位号定义及缩写说明（2）

序号	缩写	说明
1	ON	开
2	OFF	关
3	MAN	手动状态
4	AUTO	自动状态
5	CAS	Cascade Option 串级控制
6	DCS	distribute control system 分布（集散）控制系统
7	P	Pressure 压力
8	I	Indicator 指示
9	C	Control 控制
10	F	Flowrate 流量
11	L	Level 液位
12	V	Valve 阀
13	op	OUT PUT 输出值
14	sp	SET POINT 设定值
15	pv	PROCESS VARIABLE 过程值（测量值）
16	P（PID）	Proportion 比例
17	I（PID）	Integral 积分
18	D（PID）	Derivative 微分

第三节　过程仿真系统平台 PISP - 2000 评分系统使用说明

启动 STS 系统进入操作平台，同时也就启动了过程仿真系统平台 PISP - 2000 评分系统，评分系统界面如图 5 - 23 所示。

过程仿真系统平台 PISP - 2000 评分系统是智能操作指导、诊断、评测软件（以下简称智能软件），它通过对用户的操作过程进行跟踪，在线为用户提供如下功能。

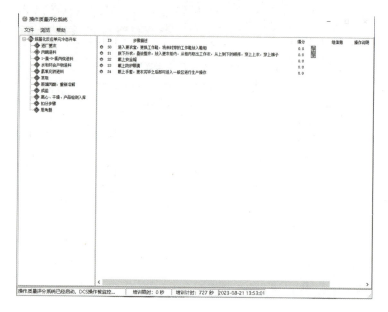

图 5 - 23　评分系统界面

一、操作状态指示

对当前操作步骤和操作质量所进行的状态以不同的图标表示出来（图 5 - 24 所示为本操作系统中所用的光标说明）。

1. 操作步骤状态图标及提示

图标 ◈：表示此过程的起始条件没有满足，该过程不参与评分。

图标 ◆：表示此过程的起始条件满足，开始对过程中的步骤进行评分。

图标 ◉：为普通步骤，表示本步还没有开始操作，也就是说，还没有满足此步的起始条件。

图标 ⊙：表示本步已经开始操作，但还没有操作完，也就是说，已满足此步的起始条件，但此操作步骤还没有完成。

图标 ✓：表示本步操作已经结束，并且操作完全正确（得分等于 100%）。

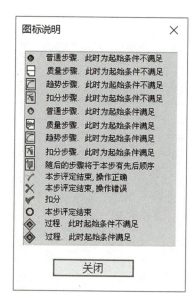

图 5 - 24　图标说明

图标 ✕：表示本步操作已经结束，但操作不正确（得分为 0）。

图标 ◎：表示过程终止条件已满足，本步操作无论是否完成都被强迫结束。

2. 操作质量图标及提示

图标 ⊟：表示这条质量指标还没有开始评判，即起始条件未满足。

图标 ▥：表示起始条件满足，本步骤已经开始参与评分，若本步评分没有终止条件，则会一直处于评分状态。

图标 ◎：表示过程终止条件已满足，本步操作无论是否完成都被强迫结束。

图标 ▧：在 PISP - 2000 的评分系统中包括了扣分步骤，主要是当操作严重不当，可能引起重大事故时，从已得分数中扣分，此图标表示起始条件不满足，即还没有出现失误操作。

图标 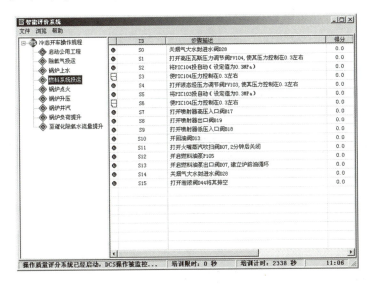：表示起始条件满足，已经出现严重失误的操作，开始扣分。

二、操作方法指导

可在线给出操作步骤的指导说明，对操作步骤的具体实现方法给出一个文字性的操作说明（图5－25）。

对于操作质量可给出关于这条质量指标的目标值、上下允许范围、上下评定范围，当鼠标移到质量步骤一栏，所在栏都会变蓝，双击即可出现所需要的详细信息对话框（图5－26）。

图 5－25　操作步骤说明

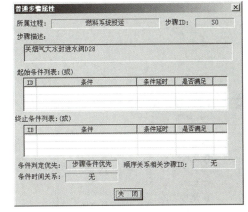

图 5－26　详细信息对话框

三、操作诊断及诊断结果指示

实时对操作过程进行跟踪检查，并根据用户组态结果对其进行诊断，将操作错误的操作过程或操作动作一一说明，以便用户对这些错误操作查找原因并及时纠正或在今后的训练中进行改正及重点训练（图5－27）。

图 5－27　操作诊断结果

四、操作评定及生成评定结果

实时对操作过程进行评定，对每一步进行评分，并给出整个操作过程的综合得分，还可根据需要生成评分文件。

五、其他辅助功能

PISP - 2000 评分系统除以上功能外，还具有其他的一些辅助功能。

1. 学员最后的成绩可以生成成绩列表，成绩列表可以保存也可以打印。如图 5 - 28 所示，点击"浏览"菜单中的"成绩"就会弹出如图 5 - 29 所示的对话框，此对话框包括学员资料、总成绩、各项分步成绩及操作步骤得分的详细说明。

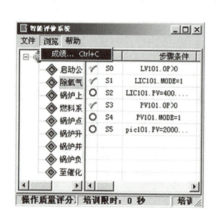

图 5 - 28 成绩列表

图 5 - 29 学员成绩单

2. 单击"文件"菜单下面的"打开"，可以打开以前保存过的成绩单，"保存"菜单可以保存新的成绩单覆盖原来旧的成绩单，"另存为"则不会覆盖原来保存过的成绩单，如图 5 - 30、图 5 - 31 所示。

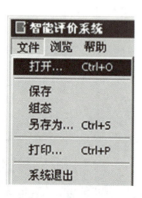

图 5 - 30 智能评价系统

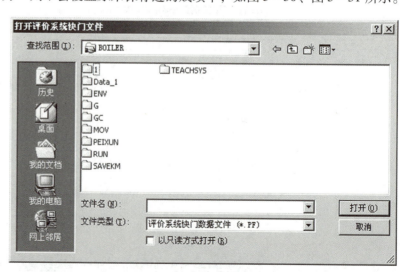

图 5 - 31 打开成绩单

3. 如图 5 – 32 所示，打开文件下面的"组态"，就会弹出如图 5 – 33 所示的对话框，在该对话框中可以对评分内容重新组态，其中包括操作步骤、质量评分、所得分数等。

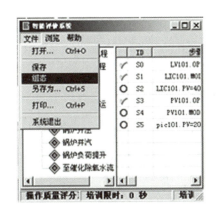

图 5 – 32　评分内容重新组态

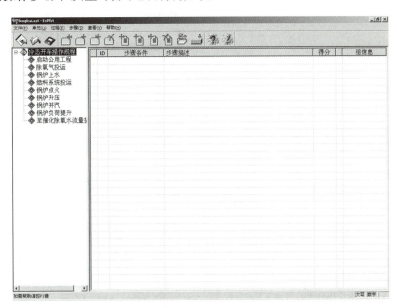

图 5 – 33　评分组态对话框

4. 可直接单击"文件"下面的"系统退出"退出操作系统。

六、知识点链接

1. 实际生产过程　包括：控制室、生产装置、操作人员、干扰和事故四个要素。

操作人员根据工艺理论知识和装置的操作规程在控制室和装置现场进行操作。将操作信息送到生产现场，在生产装置内完成生产过程中的物理变化和化学变化，同时一些主要生产工艺指标经测量单元、变送器等反馈至控制室。最后，控制室操作（内操）人员通过观察、分析反馈来的生产信息，判断装置的生产状况，进行进一步的操作，使控制室和生产现场形成一个闭合回路，逐渐使装置达到满负荷平稳生产状态。

2. 内操　在控制室内通过 DCS 对装置进行操作和过程控制，是化工生产的主要操作人员。

3. 外操　在生产现场进行诸如生产准备性操作、非连续性操作、一些机泵的就地操作和现场巡检。化工及制药行业对内、外操岗位（群）及核心能力要求见表 5 – 3。

4. 干扰　指生产环境、公用工程等外界因素的变化对生产过程的影响。

5. 事故　指生产装置的意外故障或因操作人员的误操作所造成的生产工艺指标超标的事件。

操作人员对干扰和事故的应变能力和处理能力是影响生产的主要因素。

表 5 – 3　对接产业行业对应内、外操岗位（群）及核心能力要求表

产业行业	岗位（群）	核心能力
化学原料和化学制品制造业、石油加工和炼焦、煤化工	化工生产现场操作岗位（外操）	1. 能识读化工工艺的管道及仪表流程图； 2. 能完成开停车前、后的气密性检查、吹扫、清洗、置换、隔离等工作； 3. 能进行开停车前、后现场管线、设备、仪表的状态检查与确认； 4. 能完成开车前单机试车和联动试车； 5. 能完成原料及辅料的准备工作；

续表

产业行业	岗位（群）		核心能力
化学原料和化学制品制造业、石油加工和炼焦、煤化工	化工生产现场操作岗位（外操）		6. 能完成现场阀门、泵、压缩机的开、关操作； 7. 能按照操作规程，协助完成系统的升温、升压、进料控制等操作； 8. 能完成现场巡检工作，正确填写开、停车记录，并记录设备运行状况及现场工艺参数； 9. 能判断和处理异常事故； 10. 具有危险与可操作性分析（HAZOP）能力
	化工生产总控操作岗位（内操）		1. 能识读并绘制化工产品生产岗位带控制点的工艺流程图（PID）、设备结构图； 2. 能完成中控系统阀门、泵、压缩机的开、关操作； 3. 能完成系统的升温、升压、进料控制等操作； 4. 能完成系统开车过程低负荷运行期温度、压力、流量、液位等参数的调节； 5. 能完成中控 DCS 的稳定运行及控制； 6. 能根据生产运行情况，逐步投入联锁； 7. 能根据原料、公用工程、天气等因素变化及时调节工艺参数，维持生产稳定运行； 8. 能发现开车及生产过程的问题并进行汇报及处理
	化工质量控制岗位	生产过程质量监控	1. 能按照分析检验流程、取样规则与方法，进行中间品和产品的感官检验、理化检验和现代仪器分析等基本操作； 2. 能根据检验结果，对生产过程产品质量做出正确评价； 3. 能根据检验结果，对生产异常情况进行分析并提出解决方法

注：表中内容来自《全国职业院校技能大赛赛项规程》赛项编号 GZ021，赛项组别高等职业教育。

目标检测

答案解析

1. 自动调节系统一般是由（　　）等主要环节组成

　A. 被调对象　　　　　　　　　　　　　B. 测量变送

　C. 调节器、调节阀　　　　　　　　　　D. 前三项都有

2. 在 DCS 中，PV 代表的含义是（　　）

　A. 实际值　　　　　　B. 设定值　　　　　　C. 输出值　　　　　　D. 压力调节

3. 在 DCS 中，SV 代表的含义是（　　）

　A. 实际值　　　　　　B. 设定值　　　　　　C. 输出值　　　　　　D. 压力调节

4. 在自动控制系统中一般微分时间用（　　）表示。

　A. P　　　　　　　　　B. I　　　　　　　　　C. D　　　　　　　　　D. PID

5. 在 DCS 控制流程图中，LIC-101 表示（　　）

　A. 温度记录控制功能　　　　　　　　　B. 液位指示控制器

　C. 压力变送器功能　　　　　　　　　　D. 流量记录控制功能

6. 在运行仿真程序时，需要暂停任务，此时应该在"工艺"菜单栏中选择（　　）

　A. 重做当前任务　　　B. 重选任务　　　　　C. 进度重演　　　　　D. 冻结/解冻

7. 在仿真时钟设置对话框中，要加快系统运行的速度，应选择的时标是（　　）

　A. 25%　　　　　　　　B. 50%　　　　　　　　C. 100%　　　　　　　D. 200%

8. 在 DCS 控制回路中，由"自动"方式切换到"手动"方式后，可修改的量是（　　）

　A. 给定值(SP)　　　　B. 测量值(PV)　　　　C. 输出值(OP)　　　　D. 都可以修改

9. 在 DCS 控制流程图中，FIC101 表示（　）

  A. 温度记录控制功能   B. 液位指示控制器

  C. 压力变送器功能   D. 流量记录控制功能

10. 在评分系统界面中，表示此过程的起始条件满足，开始对过程中的步骤进行评分的图标是（　）

  A.   B.   C.   D. ✓

书网融合……

    题库   微课   本章小结

第六章　制药单元仿真实训

学习目标

1. 掌握盐酸曲唑酮、美罗培南的理化性质、用途和生产工艺流程；盐酸曲唑酮、美罗培南合成的单元反应设备和操作方法；反应类型和影响因素。
2. 熟悉盐酸曲唑酮、美罗培南生产操作规程及安全要求。
3. 了解药物生产过程的主要控制指标。
4. 能够绘制盐酸曲唑酮、美罗培南合成工艺流程图；能够熟练掌握 DCS 仿真操作系统。

制药单元仿真实训是一门训练职业核心能力的专业实践课程，适用于制药工程技术、化学制药等专业。主要学习典型制药单元盐酸曲唑酮生产和美罗培南生产仿真实训操作，掌握药物合成方法及生产工艺参数的控制与调整，药品合成岗位的标准操作规程、事故处理方法等。

化学制药典型工艺单元仿真软件分别模拟了原料贮罐区、溶剂贮罐区、反应装置区、干燥装置区以及产品暂存区等装置以及操作。流程操作完全按照实际原料顺序依次进行投料，数学模型可根据投料量及操作控制，精确分析产物组分，计算反应收率。结合化学制药工艺过程及设备理论教学，反应温度和压力等反应条件对合成产物的影响，学习者在仿真操作过程中，通过不同的实时结果反馈，了解温度控制对反应的影响，理论联系实际，能更好地理解、验证课堂中学到的理论知识（本仿真软件应用于制药相关专业技能大赛）。

实训一　盐酸曲唑酮生产仿真实训 微课

PPT

盐酸曲唑酮为特异性 5－羟色胺的再摄取抑制剂，属三唑吡啶类抗抑郁药。主要用于治疗各种类型的抑郁症和伴有抑郁症状的焦虑症以及药物依赖者戒断后的情绪障碍，其抗忧郁的药理作用在于选择性地抑制了 5-羟色胺（5-HT）的再吸收，适用于老年或伴有心血管疾病的患者。本品还具有中枢镇静作用和轻微的肌肉松弛作用，但无抗痉挛和中枢兴奋作用。本品能引起血压下降，作用与剂量有关。

通过盐酸曲唑酮药物制剂 3D 虚拟车间操作，掌握一般药物生产工艺流程；熟悉制药设备的基本结构和特点；熟悉精馏、干燥、萃取、结晶等基本化工单元操作；了解盐酸曲唑酮合成路线选择的基本原理及取代、环合、缩合等反应原理和操作过程。了解 GMP 在制药生产车间的实施以及车间安全生产监管体系等。

一、盐酸曲唑酮生产仿真工艺流程简介

盐酸曲唑酮是三唑吡啶类衍生物，其结构为 2-[3-[4-(3-氯苯基)-1-哌嗪基]丙基]-1,2,4-三唑[4,3-a]吡啶-3(2H)-盐酸，一种白色、无味、结晶状粉末，易溶于水。

1. 生产方法　生产仿真工艺以二乙醇胺为原料，经环合反应、烷基化反应、缩合反应合成盐酸曲唑酮。反应条件温和，后处理简单。合成路线如下。

（1）环合反应

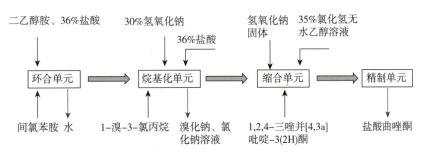

（2）烷基化反应

（3）缩合反应

2. 工艺过程及工序划分　盐酸曲唑酮生产属间歇操作，全过程共分四个工序：环合反应工序、烷基化反应工序、缩合反应工序、产品精制工序。全流程简图如图6-1所示。

图6-1　盐酸曲唑酮合成工艺流程方框图

二、环合反应单元

1. 流程简述　在1000L反应釜中加入105kg二乙醇胺和220kg、36%盐酸，搅拌升温至115~130℃反应10小时，常压蒸馏除水5小时，加入250kg二甲苯回流分水至体系中没有水产生，再蒸馏回收二甲苯套用。将所得残留物冷却至50℃以下，缓缓滴加112kg间氯苯胺，滴毕升温至150℃，保温反应5小时。冷却至80℃以下，加入150kg无水乙醇，继续冷却到5℃以下，保温搅拌2小时，离心过滤，50kg无水乙醇洗涤，烘干得类白色晶体150kg，为环合产物。主要反应过程如下。

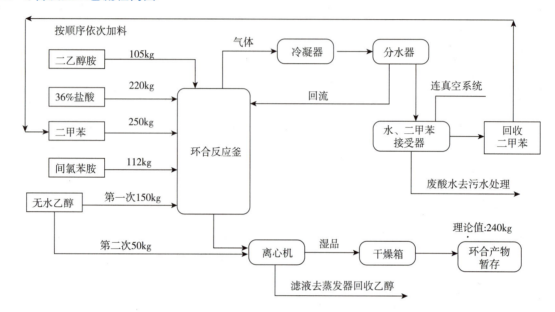

2. 环合反应工艺流程简图

图 6-2 环合反应工艺流程简图

3. 主要设备及位号

表 6-1 环合反应单元主要设备及位号表

序号	设备位号	设备名称	设备类型及数量
1	C101	二乙醇胺贮罐	贮罐（6 个）
2	C102	盐酸贮罐	
3	C103	间氯苯胺贮罐	
4	C104	二甲苯贮罐	
5	C105	乙醇贮罐	
6	C106	乙醇贮罐	
7	P101	二乙醇胺计量泵	泵（5 台）
8	P102	盐酸计量泵	
9	P103	间氯苯胺计量泵	
10	P104	乙醇计量泵	
11	P105	二甲苯离心泵	
12	V101	二乙醇胺高位槽	高位槽（5 个）
13	V102	盐酸高位槽	
14	V103	间氯苯胺高位槽	
15	V104	二甲苯高位槽	
16	V105	乙醇高位槽	

续表

序号	设备位号	设备名称	设备类型及数量
17	V106	水/二甲苯接受器	接受器（1 个）
18	R101	反应釜	反应器（1 台）
19	E101	冷凝器	换热器（1 台）
20	S101	分水器	分水器（1 台）
21	M101	离心机	离心机（1 台）
22	D101	干燥机	干燥机（1 台）

4. 知识点链接

（1）共沸精馏　在液相混合物中加入第三组分（质量分离剂），改变原溶液中各组分间的相对挥发度。第三组分又称为挟带剂。

在环合反应过程中，二乙醇胺和盐酸反应生成二氯乙基胺和水，二氯乙基胺与间氯苯胺生成1-（3-氯苯基）哌嗪盐酸盐，环合过程要求在无水条件下进行，因此需要及时带走体系中的水分。

本单元直接利用反应釜作为共沸精馏（只有精馏段无提馏段）装置完成提取水分的过程。水与二甲苯形成二元共沸物，其中水 37.5%、二甲苯 62.5%（质量比），共沸点为 92.0℃。二甲苯作为挟带剂，及时带走反应过程中生成的水分，蒸馏回收再利用，共沸精馏为环合过程创造适宜的反应条件。

（2）分水器　分水器的工作原理就是应用流体力学理论，利用水相与有机相的密度差，依靠重力原理、密度差原理等使之发生相对运动，有机相上升水相下降，实现两相分离的目的。

5. 岗位情景模拟操作

（1）开车操作

表 6-2　环合反应单元岗位操作流程表

任务		岗位	
		外操（现场：开关、阀门、巡检等）	内操（总控室：DCS 系统操作）
进厂更衣	1	进入更衣室，换工作鞋	
	2	换工作衣，从上到下的顺序穿	
	3	戴上安全帽、防护眼镜、手套	
	4	进入工作区进行生产操作	
二乙醇胺进料	1		确认反应釜 R101 已清洁
	2	二乙醇胺计量泵 P101 投"自动"，设定计量泵 P101 进料量 105kg	全开二乙醇胺高位槽 V101 放空阀 VA102、进料阀 VA101
	3	打开计量泵 P101 前后阀 VD101、VD102	
	4	启动计量泵 P101，达到设定值时，自动停泵	点击高位槽 V101 液位计，确认进料量满足要求，关闭进料阀 VA101
	5	关闭计量泵 P101 前后阀 VD101、VD102	打开反应釜 R101 进料阀 VD107
	6		打开高位槽 V101 放空阀 VA104
	7		二乙醇胺高位槽 V101 向反应器进料，达到 105kg，关阀 VA104
	8		关闭二乙醇胺高位槽 V101 放空阀 VA102
	9		打开冷凝器 E101 出水阀 VD110
	10		打开冷凝器 E101 进水阀 VA114 前、后阀 VDI114、VDO114，打开冷凝器 E101 进水阀 VA114
	11		打开反应釜顶部蒸馏气相出口阀 VD108

续表

任务		岗位	
		外操（现场：开关、阀门、巡检等）	内操（总控室：DCS 系统操作）
盐酸进料	1	盐酸计量泵 P102 投"自动"，设进料量 220kg	全开盐酸高位槽 V102 放空阀 VA106、进料阀 VA105
	2	打开计量泵 P102 前后阀 VD103、VD104，启动计量泵 P102，达到设定值时，自动停泵	点击高位槽 V102 液位计，确认进料量满足要求，关闭进料阀 VA105
	3	关闭计量泵 P102 前后阀 VD103、VD104	启动环合反应釜搅拌开关
	4		打开高位槽 V102 放料阀 VA108，向反应器进料
	5		盐酸投入到反应釜 R101 的投料量达到生产要求值 220kg，关闭阀 VA108
	6		关闭盐酸高位槽 V102 放空阀 VA106
	7		关闭反应釜进料阀 VD107
	8		打开导热油出口阀 VD118
	9		打开导热油进口阀 VA127 的前阀 VDI127、后阀 VDO127，开导热油进口阀 VA127
	10		打开分水器放料阀 VA115（注意阀门开度，时刻观察水位）
	11		打开水/二甲苯接受器 V106 进料阀 VD111
	12		打开油浴温控电源开关
	13		打开油浴温控设定器，投到【自动】位置，设定反应釜温度在 120℃左右，维持温度
	14		输入反应时间 10 小时，并按下确定按钮
	15		输入蒸馏除水时间 5 小时，并按下确定按钮
二甲苯进料	1	二甲苯计量泵 P104 投"自动"，设定计量泵 P104 进料量 250kg	全开二甲苯高位槽 V104 放空阀 VA124、进料阀 VA125
	2	打开计量泵 P104 前、后阀 VD116、VD117，打开计量泵 P104，启动泵。达到设定值时，自动停泵	点击高位槽 V104 液位计，确认进料量满足要求，关闭进料阀 VA125
	3	关闭计量泵 P104 前、后阀 VD116、VD117	打开反应釜 R101 进料阀 VD109
	4		打开高位槽 V104 放料阀 VA126
	5		二甲苯高位槽 V104 向反应器 R101 进料完毕，进料量达到要求值 250kg，关闭阀 VA126
	6		关闭二甲苯高位槽 V104 放空阀 VA124
	7		关闭反应釜进料阀 VD109
	8		回流分水至没有水产生，关闭分水器放料阀 VA115
	9		打开接受器 V106 放料阀 VD112 及废水排料阀 VA118
	10		接收器内污水排空，关闭废水排料阀 VA118，关闭接受器 V106 放料阀 VD112
	11		打开油浴温控设定器，设定温度在 150℃，反应釜温度维持在 150℃左右
	12		打开分水器放料阀 VA115，蒸馏回收二甲苯
	13		二甲苯全部蒸馏完成后，关闭导热油进口阀 VA127 的前阀 VDI127、后阀 VDO127，关导热油进口阀 VA127
	14		关闭导热油出口阀 VD118
	15		打开冷油出口阀 VD127
			打开冷油进口阀 VA137 前阀 VDI137、后阀 VDO137

续表

任务		岗位	
		外操（现场：开关、阀门、巡检等）	内操（总控室：DCS 系统操作）
二甲苯进料	16		打开冷油进口阀 VA137，将反应釜内物料冷却至 40℃以下
	17		关闭冷油进口阀 VA137 前阀 VDI137、后阀 VDO137，关闭冷油进口阀 VA137
	18		关闭冷油出口阀 VD127
间氯苯胺进料	1	间氯苯胺计量泵 P103 投"自动"	
	2	设定计量泵 P103 进料量 112kg	全开间氯苯胺高位槽 V103 放空阀 VA110、打开进料阀 VA109
	3	打开计量泵 P103 前、后阀 VD105、VD106，启动计量泵，达到设定值时，自动停泵	点击高位槽 V103 液位计，确认进料量满足要求，关闭进料阀 VA109
	4	关闭计量泵 P103 前、后阀 VD105、VD106	打开反应釜 R101 进料阀 VD107
	5		打开高位槽 V103 放料阀 VA112，反应器 R101 进料，缓慢滴加间氯苯胺，滴加量达到生产要求值 112kg，关闭阀 VA112
	6		关闭放空阀 VA110，关闭反应釜进料阀 VD107
	7		打开导热油出口阀 VD118，打开导热油进口阀 VA127 的前后阀，打开 VA127
	8		反应釜温度维持在 150℃左右，输入保温反应时间 5 小时，按下【确定】按钮
	9		反应结束后，关闭导热油进口阀 VA127 的前后阀，关闭 VA127，关闭导热油出口阀 VD118
	10		打开冷油出口阀 VD127，反应釜降温，加入无水乙醇搅拌洗涤，提高环合产物纯度
	11		打开冷油进口阀 VA137 的前后阀，打开 VA137，将反应釜内物料冷却至 80℃以下，加入无水乙醇
乙醇进料	1	乙醇离心泵 P105 投"自动"，预设液位 58.4%	全开乙醇高位槽 V105 放空阀 VA120、打开进料阀 VA121
	2	打开离心泵 P105 前阀 VD114、后阀 VD115，启动离心泵 P105，达到设定值时，自动停泵	点击高位槽 V105 液位计，确认进料量满足要求，关闭进料阀 VA121
	3	关闭离心泵 P105 后阀 VD115、前阀 VD114	打开反应釜 R101 进料阀 VD109
	4		打开高位槽 V105 放料阀 VA122
	5		乙醇高位槽 V105 向反应器 R101 进料，达到生产要求值 150kg，关闭阀 VA122，放空阀 VA120
	6		关闭反应釜进料阀 VD109
反应釜析晶	1		反应釜温度冷却至 5℃左右后，关闭冷油进口阀 VA137 的前后阀、关闭 VA137，关闭出口阀 VD127
	2		输入保温搅拌时间 2 小时，并按下【确定】按钮
	3		析晶结束，关闭冷凝器 E101 进水阀 VA114 的前后阀、关闭 VA114，关闭出水阀 VD110
	4		关闭反应釜顶部蒸馏气相出口阀 VD108
	5		关闭分水器放料阀 VA115
	6		关闭水/二甲苯接受器 V106 进料阀 VD111
离心干燥出料	1		检查离心机是否正常运行
	2		打开离心机 M101 电源开关，启动离心机，打开离心机进料阀 VD124

续表

任务		岗位	
		外操（现场：开关、阀门、巡检等）	内操（总控室：DCS系统操作）
离心干燥出料	3		打开反应釜 R101 釜底排料阀 VD123，将釜内物料排放至离心机，R101 出料结束
	4		釜内物料全部排出，关闭环合反应釜搅拌开关
	5		关闭反应釜 R101 釜底排料阀 VD123
	6		关闭离心机进料阀 VD124
	7	离心机自动卸料后，关闭离心机电源开关	
	8	将物料送至干燥车间，干燥箱 D101 进料	
	9	打开冷凝水出口阀 VD125，打开干燥箱蒸汽进口阀 VA136	
	10	打开干燥机 D101 电源开关	
	11	打开干燥机风机开关	
	12	打开干燥机加热开关	
	13	点击【干燥箱控制面板】，温度控制投到【设定】位置，设定干燥箱温度55℃，干燥，输入干燥时间12小时，并按下确定按钮	
	14	达到干燥时间后，关闭干燥机 D101 加热开关，关闭干燥箱蒸汽进口阀 VA136	
	15	关闭冷凝水出口阀 VD125	
	16	干燥箱内温度降至25℃，关闭干燥机风机开关	
	17	关闭干燥机电源开关	
	18	干燥出料，得到类白色晶体，为环合产物	
	19	进入产品暂存区，环合产物称重	
	20	HPLC 检测产物	
	21	QA 确认产品质量合格后，产品入库；产品质量不合格进行标示	
	22	计算环合反应的收率	

（2）事故处理

表6-3　环合反应单元事故处理流程表

序号	事故名称	现象	原因	处理方法
1	反应釜停电	反应釜油浴电加热停电	供电系统故障	①关闭电加热电源开关，并立即通知工程等相关部门； ②关闭反应釜搅拌电源开关，停止正在进行的加料等所有操作； ③关闭导热油进料阀 VA127； ④关闭导热油进口阀 VA127 的前阀 VDI127、后阀 VDO127； ⑤关闭导热油出料阀 VD118； ⑥打开导热油放料阀 VD130，将反应釜夹套中的油放入应急油箱中； ⑦启动环合仪表面板的备用电源
2	停冷却水	釜顶冷凝器停冷却水	冷却水泵故障	①关闭导热油电加热开关，并立即通知工程等相关部门； ②停止正在进行的加料等所有操作； ③关闭导热油热油循环，切换为导热油冷油循环，关闭导热油进料阀 VA127； ④关闭导热油进口阀 VA127 的前阀 VDI127、后阀 VDO127； ⑤关闭导热油出料阀 VD118； ⑥打开冷油出口阀 VD127； ⑦打开冷油进口阀 VA137 前阀 VDI137 后阀 VDO137； ⑧打开冷油进口阀 VA137； ⑨等温度降至室温25℃左右关闭停止搅拌

续表

序号	事故名称	现象	原因	处理方法
3	冷油进口阀卡事故	反应釜温度升高	冷油进口阀坏	①关闭冷油进口阀 VA137 前阀 VDI137、后阀 VDO137 ②关闭冷油进口阀 VA137 ③打开冷油旁阀 VAP137，保持釜内 R101 温度在 5℃左右

三、烷基化反应单元

1. 流程简述　在 1000L 反应釜中加入 110kg 丙酮、264kg 1-溴-3-氯丙烷、76kg 水和 240kg 环合产物，搅拌下于 25℃滴加 372kg 30% 氢氧化钠水溶液，滴毕保温反应 24 小时。静置分取丙酮层，下层水相用 60kg 丙酮提取，合并有机相，蒸馏回收丙酮，残留物用 100kg 丙酮溶解，36% 盐酸调节至 pH=3，冷却至 5℃，离心过滤，55℃干燥 12 小时，得 120kg 类白色固体，为烷基化产物 1-(3-氯苯基)-4-(3-氯丙基)哌嗪单盐酸盐。经 HPLC 测得（面积归一化法）含量 >99.0%。

烷基化反应涉及到的主要反应式如下：

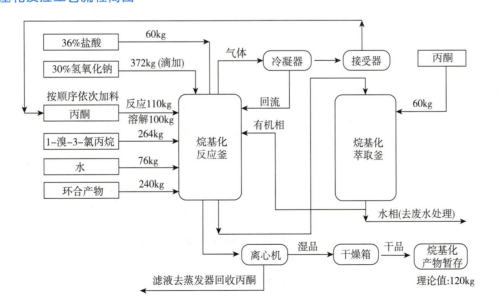

1-溴-3-氯丙烷　　　　1-(3-氯苯基)-4-(3-氯丙基)哌嗪单盐酸盐

2. 烷基化反应工艺流程简图

图 6-3　烷基化反应工艺流程简图

3. 主要设备及位号

表 6 - 4 烷基化反应单元主要设备及位号

序号	设备位号	设备名称	设备类型及数量
1	C201	盐酸贮罐	贮罐（4 个）
2	C202	1-溴-3-氯丙烷贮罐	
3	C203	氢氧化钠贮罐	
4	C204	丙酮贮罐	
5	P201	盐酸计量泵	计量泵（4 台）
6	P202	1-溴-3-氯丙烷计量泵	
7	P203	氢氧化钠计量泵	
8	P204	丙酮计量泵	
9	V201	盐酸高位槽	高位槽（4 个）
10	V202	1-溴-3-氯丙烷高位槽	
11	V203	氢氧化钠高位槽	
12	V204	丙酮高位槽	
13	V205	丙酮接收器	接收器（1 个）
14	R201	反应釜	反应釜（1 个）
15	R202	萃取釜	萃取釜（1 个）
16	E201	冷凝器	换热器（1 台）
17	M201	离心机	离心机（1 台）
18	D201	干燥机	干燥机（1 台）

4. 知识点链接 液液萃取：萃取是分离和提纯物质的重要单元操作之一，是利用混合物中各个组分在外加溶剂中的溶解度差异而实现组分分离的单元操作，其目的是分离液 - 液混合物。

本单元萃取操作目的是为提取水溶液中有价值的有机物。其中原料为第一次分层的水相，溶剂为丙酮，萃取釜出来的有机相为轻相，水相为重相。萃取釜中搅拌桨的转速变化会影响萃取率，一般萃取流程见图 6 - 4。

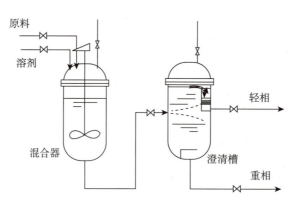

图 6 - 4 单级萃取流程示意图

5. 岗位情景模拟操作

（1）开车操作

表 6-5　烷基化反应单元岗位操作流程表

任务		岗位	
		外操（现场：开关、阀门、巡检）	内操（总控室：DCS 操作）
进厂更衣	1	进入更衣室，换工作鞋	
	2	换工作衣，从上到下的顺序穿	
	3	戴上安全帽、防护眼镜、手套	
	4	进入工作区进行生产操作	
丙酮进料	1		确认反应釜 R201 已清洁、萃取釜 R202 已清洁
	2	丙酮计量泵 P204 投"自动"，设定计量泵 P204 进料量 110kg	全开丙酮高位槽 V204 放空阀 VA220、进料阀 VA221
	3	打开计量泵 P204 前阀 VD220、后阀 VD221，启动计量泵 P204，达到设定值时，自动停计量泵 P204	点击高位槽 V204 液位计，确认进料量满足要求
	4	关闭计量泵 P204 前阀 VD220、后阀 VD221	打开反应釜 R201 进料阀 VA214
	5		打开高位槽 V204 放料阀 VD214，V204 中的丙酮全部放入反应釜后，关阀 VD214
	6		关闭进料阀 VA221
	7		关闭丙酮高位槽 V204 放空阀 VA220
	8		关闭反应釜 R201 进料阀 VA214
1-溴-3-氯丙烷进料	1	1-溴-3-氯丙烷计量泵 P202 投"自动"，设定进料量 264kg	全开 1-溴-3-氯丙烷高位槽 V202 放空阀 VA206
	2	打开计量泵 P202 前阀 VD203、后阀 VD204，启动泵	全开 1-溴-3-氯丙烷高位槽 V202 进料阀 VA205
	3	达到设定值时，自动停计量泵 P202	通过点击高位槽 V202 液位计，确认进料量满足要求，关闭进料阀 VA205
	4	关闭计量泵 P202 前阀 VD203、后阀 VD204	打开高位槽 V202 放料阀 VA208，打开反应釜 R201 进料阀 VD207
	5		V202 中的 1-溴-3-氯丙烷全部放入反应釜后，关闭阀 VA208
	6		关闭 1-溴-3-氯丙烷高位槽 V202 放空阀 VA206
水和环合产物进料	1		打开反应釜 R201 进水阀 VA227，加水 76kg
	2		适时关闭进水阀 VA227，以保证进水量在 76kg 左右
	3		启动反应釜 R201 搅拌器电源开关
	4		仓库领料，将 240kg 环合产物投入反应釜
氢氧化钠进料	1	氢氧化钠计量泵 P203 投"自动"，设定计量泵 P203 进料量 372kg	全开 30% 氢氧化钠高位槽 V203 放空阀 VA210
	2	打开计量泵 P203 前阀 VD205、后阀 VD206，启动计量泵 P203	全开 30% 氢氧化钠高位槽 V203 进料阀 VA209
	3	达到设定值时，自动停计量泵 P203	通过点击高位槽 V203 液位计，确认进料量满足要求，关闭进料阀 VA209
	4	关闭计量泵 P203 前阀 VD205、后阀 VD20	打开高位槽 V203 放料阀 VA212，缓慢滴加氢氧化钠
	5		控制氢氧化钠滴加速度，使环合物盐酸盐浓度不小于 0.15 时，反应釜 R201 内 pH 不高于 13
	6		打开反应釜 R201 冷冻盐水出口阀 VA237 前阀 VDI237、后阀 VDO237，打开 VA237
	7		打开反应釜 R201 冷冻盐水进口阀 VD238，通过调节冷冻盐水进出口阀开度，保证在滴加氢氧化钠及其后的保温反应过程中，反应釜温度始终维持在 25℃ 左右

续表

任务		岗位	
		外操（现场：开关、阀门、巡检）	内操（总控室：DCS 操作）
氢氧化钠进料	8		V203 中的氢氧化钠全部滴加完毕后，关闭阀 VA212
	9		关闭氢氧化钠高位槽 V203 放空阀 VA210
	10		关闭反应釜 R201 进料阀 VD207
	11		滴定完毕，输入保温反应时间 24 小时，并按下确定按钮，25℃下保温反应 24 小时
	12		关闭反应釜 R201 搅拌器电源开关，静置分层
萃取	1		打开反应釜放料阀 VD208
	2		关闭反应釜 R201 冷冻盐水出口阀 VA237 前阀 VDI237，后阀 VDO237，关闭 VA237
	3		关闭反应釜 R201 冷冻盐水进口阀 VD238
	4		打开水相排液阀 VD209
	5		打开萃取釜 R202 进料阀 VD230
	6		打开萃取釜 R202 进料阀 VA222（丙酮进料）
	7		打开高位槽 V204 放料阀 VD214
	8		打开高位槽 V204 真空阀 VA219
	9		将反应釜 R201 中的下层水相排完后，关闭反应釜放料阀 VD208
	10		关闭水相排液阀 VD209
	11		关闭真空阀 VA219
	12		关闭高位槽 V204 放料阀 VD214
	13		关闭萃取釜 R202 进料阀 VD230
	14	进入溶剂储罐现场，点击泵 P204 控制面板，点击计量泵 P204"计量复位"按钮，设定计量泵 P204 进料量 60kg	全开丙酮高位槽 V204 放空阀 VA220、进料阀 VA221
	15	打开计量泵 P204 前阀 VD220、后阀 VD221，打开计量泵 P204，启动计量泵 P204	
	16	达到设定值时，自动停计量泵 P204	点击高位槽 V204 液位计，确认进料量满足要求
	17		关闭进料阀 VA221
	18	关闭计量泵 P204 前阀 VD220、后阀 VD221	打开高位槽 V204 放料阀 VD214
	19		V204 中的丙酮全部放入萃取釜 R202 后，关闭 VD214
	20		关闭丙酮高位槽 V204 放空阀 VA220，关闭萃取釜进料阀 VA222
	21		启动萃取釜 R202 搅拌器电源开关
	22		通过点击萃取釜 R202 液位计，确认釜中物料充分混合
	23		关闭萃取釜 R202 搅拌器电源开关，静置分层
	24		打开萃取釜放料阀 VD217
	25		打开萃取釜废水排液阀 VA226
	26		萃取釜下层水相排完后，关闭排液阀 VA226
蒸馏丙酮，重新溶解	1		打开反应釜 R201 进料阀 VA214
	2		打开萃取釜氮气进口阀 VA223
	3		釜内有机相全部压入反应釜后，关闭氮气进口阀 VA223
	4		关闭萃取釜放料阀 VD217
	5		关闭反应釜 R201 进料阀 VA214

任务		岗位	
		外操（现场：开关、阀门、巡检）	内操（总控室：DCS 操作）
蒸馏丙酮，重新溶解	6		打开冷凝器 E201 出水阀 VA216 前阀 VDI216、后阀 VDO216，打开 VA216
	7		打开冷凝器 E201 进水阀 VD210
	8		打开反应釜顶部蒸馏气相出口阀 VD211
	9		打开釜 R201 夹套冷凝水出口阀 VD215
	10		打开釜 R201 夹套蒸汽进口阀 VA224 前阀 VDI224、后阀 VDO224，打开 VA224
	11		打开烷基化控制面板，R201 釜温调节至自动，设定釜温 60℃，反应釜温度维持在 60℃左右
	12		打开冷凝器 E201 热物流出口阀 VA213
	13		打开丙酮接受器 V205 进料阀 VD212
	14	在泵 P204 控制面板，点击计量泵 P204A "计量复位" 按钮，设定计量泵 P204A 进料量 100kg	全开丙酮高位槽 V204 放空阀 VA220、进料阀 VA221
	15	打开计量泵 P204A 前阀 VD220、后阀 VD221	
	16	打开计量泵 P204A，启动计量泵 P204A，达到设定值时，自动停计量泵 P204A	点击高位槽 V204 液位计，确认进料量满足要求，关闭进料阀 VA221
	17	关闭计量泵 P204A 前阀 VD220、后阀 VD221	当反应釜 R201 液位不再下降，即丙酮蒸发完毕后，打开烷基化控制面板，R201 釜温控制设为手动
	18		关闭釜 R201 夹套蒸汽进口阀 VA224 前阀 VDI224，后阀 VDO224，关闭 VA224
	19		冷凝水排尽后，关闭釜 R201 夹套冷凝水出口阀 VD215
	20		打开反应釜 R201 回流阀 VA238
	21		关闭冷凝器 E201 热物流出口阀 VA213
	22		关闭丙酮接受器 V205 进料阀 VD212
	23		打开丙酮高位槽 V204 出料阀 VD214
	24		打开反应釜进料阀 VA214
	25		丙酮进料量 100kg 后关闭进料阀 VA214
	26		关闭出料阀 VD214
	27		关闭丙酮高位槽 V204 放空阀 VA220
成盐	1	盐酸计量泵 P201 投 "自动"，设定计量泵 P201 进料量 250kg	全开盐酸高位槽 V201 放空阀 VA202、进料阀 VA201
	2	打开计量泵 P201 前阀 VD201、后阀 VD202，启动计量泵 P201，达到设定值时，自动停计量泵 P201	点击高位槽 V201 液位计，确认进料量满足要求，关闭进料阀 VA201
	3	关闭计量泵 P201 前阀 VD201、后阀 VD202，关闭计量泵 P201	打开反应釜 R201 搅拌器电源开关
	4		打开反应釜进料阀 VD207
	5		打开高位槽 V201 放料阀 VA204
	6		缓慢滴加盐酸，调节反应釜 pH 维持在 3 左右。反应完毕后，即烷基化产物完全转化，关闭放料阀 VA204（可点击组分分析界面或趋势曲线观察反应物和产物的变化）
	7		关闭盐酸高位槽 V201 放空阀 VA202

续表

任务		岗位	
		外操（现场：开关、阀门、巡检）	内操（总控室：DCS 操作）
成盐	8		关闭反应釜进料阀 VD207
	9		关闭反应釜 R201 搅拌器电源开关
	10		打开反应釜 R201 冷冻盐水出口阀 VA237 前阀 VDI237、后阀 VDO237，打开 VA237
	11		打开反应釜 R201 冷冻盐水进口阀 VD238，将反应釜冷却至 5℃
	12		釜内温度达到要求后，关闭反应釜 R201 冷冻盐水进口阀 VD238、关闭出口阀 VA237 及其前后阀
	13		关闭冷凝器 E201 进水阀 VD210、出水阀 VA216 及其前后阀
	14		关闭反应釜 R201 回流阀 VA238
	15		关闭反应釜顶部蒸馏气相出口阀 VD211
离心干燥出料	1		检查离心机是否正常运行
	2		打开离心机电源开关，启动离心机
	3		打开离心机排液阀 VA234
	4		打开离心机 M201 进料阀 VD228
	5		打开反应釜 R201 釜底排料阀 VD208，将釜内物料排放至离心机
	6		釜内所有物料排完，关闭反应釜 R201 釜底排料阀 VD208
	7		关闭离心机 M201 进料阀 VD228
	8		离心机自动卸料后，关闭离心机电源开关
	9		关闭离心机排液阀 VA234
	10	将物料送至干燥车间，干燥箱 D201 进料	
	11	打开冷凝水出口阀 VD231	
	12	打开干燥箱蒸汽进口阀 VA236	
	13	打开干燥机 D201 电源开关	
	14	打开干燥机风机开关	
	15	打开干燥机加热开关	
	16	设定干燥箱温度 55℃	
	17	输入干燥时间 12 小时，并按下确定按钮，干燥 12 小时	
	18	达到干燥时间后，关闭干燥机加热开关	
	19	关闭干燥箱蒸汽进口阀 VA236	
	20	冷凝水排尽后，关闭冷凝水出口阀 VD231	
	21	干燥箱内温度降至 25℃	
	22	关闭干燥机风机开关	
	23	关闭干燥机电源开关	
	24	干燥出料，得到类白色晶体，为烷基化产物，进入产品暂存区，烷基化产物称重	
	25	HPLC 检测产物	
	26	QA 确认后，产品入库	

（2）事故处理

表6-6　烷基化反应单元事故处理流程表

事故名称	现象	原因	处理方法
停冷却水事故	釜顶冷凝器停冷却水	冷却水泵故障	①立即关闭蒸汽加热，并立即通知工程等相关部门； ②停止正在进行的回流等所有操作； ③向反应釜夹套通入冷冻盐水； ④等温度降至室温左右停用冷冻盐水

四、缩合反应单元

1. 流程简述　在1000L反应釜中加入480kg无水乙醇、60kg 1,2,4-三唑并[4,3a]吡啶-3(2H)酮和124kg烷基化产物，搅拌下加入35kg固体氢氧化钠，升温回流反应22小时。于60℃左右滴加60kg 35%氯化氢无水乙醇溶液，调节至pH=3，冷却至30～40℃有晶体析出，继续冷却至5℃，过滤，滤饼用30kg无水乙醇洗涤，得145kg类白色粗品，经HPLC测得（面积归一化法）含量>98.0%。

缩合反应过程涉及到的主要反应式如下。

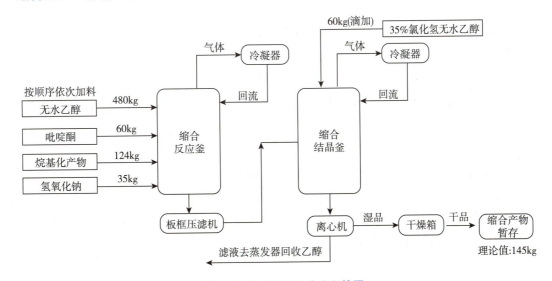

1-(3-氯苯基)-4-
(3-氯丙基)哌嗪单盐　　1,2,4-三唑并[4,3a]
吡啶-3（2H）酮　　　　　盐酸曲唑酮

2. 缩合反应工艺流程简图

图6-5　缩合反应工艺流程简图

3. 主要设备及位号

表6-7　缩合反应单元主要设备及位号表

序号	设备位号	设备名称	设备类型及数量
1	C301	无水乙醇贮罐	贮槽（2个）
2	C302	35%氯化氢无水乙醇贮罐	

续表

序号	设备位号	设备名称	设备类型及数量
3	P301	无水乙醇计量泵	计量泵（2台）
4	P302	35%氯化氢无水乙醇计量泵	
5	V301	无水乙醇高位槽	高位槽（2个）
6	V302	35%氯化氢无水乙醇高位槽	
7	R301	反应釜	反应釜（1台）
8	R302	结晶釜	结晶釜（1台）
9	E301	冷凝器	换热器（2台）
10	E302	冷凝器	
11	F301	板框式压滤机	板框式压滤机（1台）
12	M301	离心机	离心机（1台）
13	D301	干燥机	干燥机（1台）

4. 知识点链接

（1）结晶单元操作　结晶：固体物质以晶体状态从溶液、熔融混合物或蒸气中析出的过程称为结晶。溶液结晶是工业中最常采用的结晶方法，结晶条件不同，形成晶体的大小、形状甚至颜色等都可能不同。本单元盐酸曲唑酮以溶液结晶的形式获得粗产品。

结晶的特点：适用于共沸物系、同分异构体体系以及热敏性物系的分离，操作温度低，能耗少，便于产品的包装、储存、运输和使用。

结晶的设备：结晶设备的种类很多，按结晶方法可分为冷却结晶器、蒸发结晶器、真空结晶器；按操作方式可分为间歇式结晶器和连续式结晶器；按流动方式可分为混合型结晶器、多级型结晶器、母液循环型结晶器等。本单元采用的是间歇式冷却结晶器

（2）卸料式离心机　卸料离心机通过离心力将物料中的液体和固体分离，实现物料的分离和分类，是常见的分离设备，广泛应用于化工、制药、食品等行业。

卸料离心机的工作原理基于离心力的运用。由于离心机旋转产生的离心力，物料中的固体和液体分别被分离开来。固体颗粒受到离心力的作用，被迅速分离并沉积在离心机的壁面上，形成固体层。而液体则通过离心机的排液系统，被排出离心机。最后，卸料离心机将固体层从离心机中卸出，完成物料的分离过程。

卸料离心机主要由主机、传动系统、控制系统和排液系统等组成。

（3）联锁装置　是一套由中间继电器或无触点固态继电器组成的逻辑电路，其输入信号可以是来自现场的压力开关、流量开关、液位开关、温度开关以及表示信号值超限的架装或盘装报警设定目的触点信号及电气盘送来的机泵动作信号等，其输出驱动电磁阀控制执行机构。本装置将阀切断或打开，用于保护装置、设备等的安全。

本操作单元有两套联锁装置。

① 计量泵进料量联锁：原料经计量泵打入高位槽中，进料量由泵本身联锁控制。在泵总控区，可设定每台计量泵进料量，进料量达到设定值后，泵自控停止。

② 离心泵液位联锁：原料经离心泵打入高位槽中，进料量由高位槽液位联锁控制。在泵总控区，可设定高位槽要求液位，进料达到设定值后，泵自控停止。本单元联锁位号见表6-8。

表 6-8　缩合反应单元连锁位号表

设备位号	联锁值
P301	480kg
P302	60kg

5. 岗位情景模拟操作

(1) 开车操作

表 6-9　缩合反应单元岗位操作流程表

任务		岗位	
		外操（现场：开关、阀门、巡检）	内操（总控室：DCS 操作）
进厂更衣	1	进入更衣室，换工作鞋，将来时的工作鞋放入鞋柜	
	2	脱下外衣，叠放整齐，放入更衣柜内，从柜内取出工作服，从上到下的顺序穿上衣、裤子	
	3	戴上安全帽、防护眼镜、手套	
	4	进入一般区进行生产操作	
无水乙醇进料	1		确认反应釜 R301 已清洁
	2		确认结晶釜 R302 已清洁
	3		打开冷凝器 E301 出水阀 VD306、
	4		打开冷凝器 E301 进水阀 VA313 的前、后阀，打开 VA313
	5		打开反应釜顶部蒸馏气相出口阀 VA306
	6		打开冷凝器 E301 热物流出口阀 VD322
	7	无水乙醇计量泵 P301 投"自动"，设定计量泵 P301 进料量 480kg	打开乙醇高位槽 V301 放空阀 VA302、进料阀 VA301
	8	打开计量泵 P301 前阀 VD301、后阀 VD302	
	9	启动计量泵 P301，达到设定值时，自动停计量泵 P301	点击高位槽 V301 液位计，确认进料量满足要求，关闭进料阀 VA301
	10	关闭计量泵 P301 前阀 VD301、后阀 VD302	打开反应釜 R301 进料阀 VD303
	11		打开高位槽 V301 放料阀 VA304
	12		V301 中的乙醇全部放入反应釜 R301 后，关闭阀 VA304
	13		关闭反应釜 R301 进料阀 VD303
	14		启动缩合反应釜 R301 搅拌器电源开关
缩合反应	1		仓库领料，反应釜中投入 60kg 三唑并吡啶酮，即 1, 2, 4 - 三唑并 [4, 3a] 吡啶 - 3 (2H) 酮
	2		将 124kg 烷基化产物、35kg 氢氧化钠投入反应釜
	3		打开釜 R301 夹套冷凝水出口阀 VD304
	4		打开釜 R301 夹套蒸汽进口阀 VA307
	5		打开缩合反应控制面板，R301 釜温投【自动】，设定 R301 釜温 78.4℃，控制反应釜温度在 78.4℃左右
	6		输入缩合反应时间 22 小时，并按下【确定】按钮，回流反应 22 小时
	7		打开板框式压滤机 F301 前阀 VD317、后阀 VD318

续表

任务		岗位	
		外操（现场：开关、阀门、巡检）	内操（总控室：DCS操作）
R301物料转移到R302	1		打开冷凝器E302出水阀VD308、进水阀VA317及其前后阀
	2		打开结晶釜R302顶部蒸馏气相出口阀VA310
	3		打开冷凝器E302热物流出口阀VD309
	4		打开结晶釜R302进料阀VA309
	5		打开反应釜氮气进口阀VA305
	6		打开反应釜出料阀VD319，釜内物料通过板框式压滤机全部压结晶釜中
	7		反应釜中物料全部压出后，关闭氮气进口阀VA305
	8		关闭缩合反应釜R301搅拌器电源开关
	9		打开缩合反应控制面板，R301釜温控制投"手动"
	10		关闭釜R301夹套蒸汽进口阀VA30、冷凝水出口阀VD304
	11		关闭反应釜顶部蒸馏气相出口阀VA306
	12		关闭冷凝器E301热物流出口阀VD322、进水阀VA313及其前后阀
	13		关闭出水阀VD306
	14		关闭反应釜出料阀VD319
	15		关闭板框式压滤机F301前阀VD317、后阀VD318，关闭板框式压滤机F301
	16		关闭结晶釜R302进料阀VA309
	17		打开结晶釜R302夹套自来水出口阀VD324，结晶釜R301降温
	18		打开结晶釜R302夹套自来水进口阀VA330及其前后阀
	19		控制结晶釜R301内温度60℃左右（防止温度过低，后续结晶反应无法进行）
	20		温度达到要求后，关闭自来水进口阀VA330及其前后阀
35%氯化氢无水乙醇进料	1	氯化氢乙醇计量泵P302投"自动"，设定计量泵P302进料量60kg	打开氯化氢乙醇高位槽V302放空阀VA315，进料阀VA316
	2	打开计量泵P302前阀VD310、后阀VD311，启动计量泵P302，达到设定值时，自动停计量泵P302	点击高位槽V302液位计，确认进料量满足要求，关闭进料阀VA316
	3	关闭计量泵P302前阀VD310、后阀VD311	启动结晶釜R302搅拌器电源开关
	4		缓慢打开结晶釜R302进料阀VA309，滴加35%氯化氢无水乙醇
	5		打开高位槽V302出料阀VD307
	6		缓慢滴加35%氯化氢无水乙醇，调节结晶釜R302的pH维持在3左右
	7		输入成盐反应时间10小时，并按下【确定】按钮，回流反应10小时
	8		结晶釜R302成盐反应结束后，关闭高位槽V302出料阀VD307
	9		关闭结晶釜R302进料阀VA309
	10		关闭氯化氢乙醇高位槽V302放空阀VA315

续表

任务		岗位	
		外操（现场：开关、阀门、巡检）	内操（总控室：DCS 操作）
结晶釜析晶	1		打开自来水进口阀 VA330 及其前后阀
	2		结晶釜 R302 釜温冷却到 30℃左右后，关闭自来水进口阀 VA330 及其前后阀
	3		关闭自来水出口阀 VD324
	4		关闭结晶釜顶部蒸馏气相出口阀 VA310
	5		关闭冷凝器 E302 热物流出口阀 VD309
	6		关闭冷凝器 E302 进水阀 VA317 及其前后阀
	7		关闭冷凝器 E302 出水阀 VD308
	8		打开冷冻盐水出口阀 VD305
	9		打开冷冻盐水进口阀 VA312 及其前后阀
	10		将结晶釜冷却至 5℃
	11		釜内温度达到要求后，关闭冷冻盐水进口阀 VA312 及其前后阀
	12		关闭结晶釜 R302 冷冻盐水出口阀 VD305
	13		输入保温搅拌时间 2 小时，并按下【确定】按钮
	14		保温搅拌 2 小时，系统模拟 2 分钟
离心干燥出料	1		检查离心机是否正常运行
	2		打开离心机电源开关，启动离心机
	3		打开离心机 M301 进料阀 VD321
	4		打开结晶釜 R302 釜底排料阀 VD320，将釜内物料排放至离心机
	5		釜内所有物料排完，关闭结晶釜 R302 搅拌器电源开关
	6		关闭结晶釜 R302 釜底排料阀 VD320
	7		关闭离心机 M201 进料阀 VD321
	8		离心机自动卸料后，关闭离心机电源开关
	9	将物料送至干燥车间，干燥箱 D301 进料	
	10	打开冷凝水出口阀 VD323	
	11	打开干燥箱蒸汽进口阀 VA329	
	12	打开干燥机 D301 电源开关	
	13	打开干燥机风机开关	
	14	打开干燥机加热开关	
	15	点击【干燥箱控制面板】，温度控制投到【设定】位置，设定干燥箱温度 55℃	
	16	输入干燥时间 12 小时，并按下【确定】按钮	
	17	干燥 12 小时，系统模拟 1 分钟	
	18	达到干燥时间后，关闭干燥机加热开关	
	19	关闭干燥箱蒸汽进口阀 VA329	
	20	关闭冷凝水出口阀 VD323	
	21	干燥箱内温度降至 25℃	
	22	关闭干燥机风机开关	
	23	关闭干燥机电源开关	
	24	干燥出料，得到类白色晶体为缩合产物	
	25	进入产品暂存区，缩合产物称重	
	26	HPLC 检测产物	
	27	QA 确认后，产品入库	

（2）事故处理

表6-10　缩合反应单元事故处理流程表

序号	事故名称	现象	原因	处理方法
1	反应过程中停蒸汽 - 缩合反应	反应釜停蒸汽	蒸汽系统故障	①关闭蒸汽总阀，并立即通知工程等相关部门； ②停止正在进行的升温操作； ③维持搅拌，待温度降至室温左右停止搅拌
2	产品干燥停蒸汽 - 缩合反应	干燥箱停蒸汽	蒸汽系统故障	①关闭蒸汽总阀，并立即通知工程等相关部门； ②停止加热； ③等温度降至室温左右，停风机，停电源

五、精制单元

1. 流程简述　在1000L反应釜中加入580kg无水乙醇、145kg粗品和10kg活性炭升温回流30分钟。经过板框压滤机和微孔式滤膜过滤器压入洁净区的结晶釜中，0～10℃结晶2小时，离心甩滤，50kg无水乙醇洗涤，以双锥回转真空干燥机干燥10小时，得124kg白色晶体，为曲唑酮精品，mp. 222.5～224.5℃，经HPLC测得（外标法）含量＞99.0％。

2. 精制单元工艺流程简图

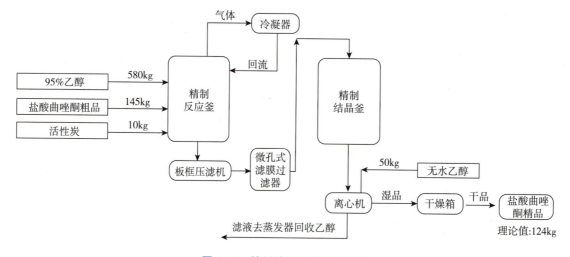

图6-6　精制单元工艺流程简图

3. 主要设备及位号

表6-11　精制单元主要设备及位号表

序号	设备位号	设备名称	设备类型及数量
1	C401	95%乙醇贮罐	贮罐（1个）
2	P401	95%乙醇计量泵	计量泵（1台）
3	V401	95%乙醇高位槽	高位槽（2个）
4	V402	95%乙醇高位槽	
5	R401	反应釜	反应釜（1个）
6	R402	结晶釜	结晶釜（1个）
7	E401	冷凝器	换热器（2台）
8	E402	冷凝器	
9	F401	板框式压滤机	压滤机（1台）

续表

序号	设备位号	设备名称	设备类型及数量
10	F402	微孔滤膜过滤器	过滤器（2台）
11	F403	微孔滤膜过滤器	
12	F404	单效薄膜蒸发器	蒸发器（1台）
13	M401	离心机	离心机（1台）
14	D401	双锥真空回转干燥机	干燥机（1台）

4. 知识点链接

（1）微孔式滤膜过滤器　微孔滤膜是筛分过程，属于精密过滤，能滤除 $0.1 \sim 10\mu m$ 微粒。微孔滤膜的推动力（即施加于被滤悬浮液的压力）使悬浮液通过膜，其中液体和小的溶质透过膜作为透过液，悬浮的粒子被膜截留并作为浓缩截留物而收集。

微孔滤膜过滤机制分为表面型与深层型两类。微孔滤芯过滤的粒子被截留的机制取决于膜的性能（物理的与化学的）和膜与粒子间相互作用的性质。当膜的孔径小于悬浮粒子的尺寸，粒子以其几何形状被阻挡，不能进入或通过膜而与透过液分离，这种分离机制称为表面过滤或筛滤机制。若微孔滤膜的孔径较粒子尺寸为大，在这种情况下，粒子能够进入微孔滤膜孔隙内，当它与孔壁相接触并黏附于其上，它们就从悬浮液中被滤除。由于过滤是在微孔滤膜的孔深处发生，故这种分离机制称作深层过滤机制。

微孔过滤机是一种高精度过滤器，机体可衬橡胶、塑料，无剩料。过滤元件选用 PE、PA、PTFE 等高分子烧结材料。具有一次性通过、拦截效率高的特点。在粉末活性炭脱除方面效果十分优异。

（2）双锥回转真空干燥机　双锥回转真空干燥机是集混合 – 干燥于一体的新型干燥机。

工作原理：双锥干燥机为双锥形的回转罐体，罐内在真空状态下，向夹套内通入蒸汽或热水进行加热，热量通过罐体内壁与湿物料接触。湿物料吸热后蒸发的水汽，通过真空泵经真空排气管被抽走。由于罐体内处于真空状态，且罐体的回转使物料不断地上下、内外翻动，故加快了物料的干燥速度，提高干燥效率，达到均匀干燥的目的。

双锥干燥机干燥速度快，一般只需几秒到十几秒钟，具有瞬间干燥的特点。干燥过程中液滴的温度比较低，特别适宜热敏性物料的干燥，能够保持物料色、香、味，广泛应用于制药、化工、食品、染料等行业物料的干燥。

5. 岗位情景模拟操作

（1）开车操作

表6-12　精制单元岗位操作流程表

任务		岗位	
		外操（现场：开关、阀门、巡检）	内操（总控室：DCS 操作）
进厂更衣	1	进入更衣室，换工作鞋，将来时的工作鞋放入鞋柜	
	2	脱下外衣，叠放整齐，放入更衣柜内，从柜内取出工作服，从上到下的顺序穿上衣、裤子	
	3	戴上安全帽、防护眼镜、手套	
	4	进入一般区进行生产操作	

续表

任务		岗位	
		外操（现场：开关、阀门、巡检）	内操（总控室：DCS 操作）
进料回流精制	1		确认反应釜 R401 已清洁、结晶釜 R402 已清洁
	2		打开冷凝器 E401 进水阀 VD405，打开冷凝器 E401 出水阀 VA407 的前阀 VDI407、后阀 VDO407，打开出水阀 VA407
	3		打开反应釜顶部蒸馏气相出口阀 VA406，打开冷凝器回流阀 VD404
	4	无水乙醇计量泵 P401 投"自动"，设定计进料量 580kg	打开乙醇高位槽 V401 放空阀 VA402、进料阀 VA401
	5	打开计量泵 P401 前阀 VD401、后阀 VD402，启动泵。达到设定值时，自动停计量泵 P401	点击高位槽 V401 液位计，确认进料量满足要求，关闭进料阀 VA401
	6	关闭计量泵 P401 前阀 VD401、后阀 VD402	打开反应釜 R401 进料阀 VD403，打开高位槽 V401 放料阀 VA404
	7		V401 中的乙醇全部放入反应釜 R401 后，关闭阀 VA404
	8		关闭反应釜 R401 进料阀 VD403
	9		关闭乙醇高位槽 V401 放空阀 VA402
	10		启动反应釜 R401 搅拌开关
	11		仓库领料，将 145kg 盐酸曲唑酮粗品投入反应釜，将 10kg 活性炭投入反应釜
	12		打开釜 R401 夹套冷凝水出口阀 VD406
	13		打开釜 R401 夹套蒸汽进口阀 VA409 及其前后阀
	14		打开精制控制面板，选自动，设定 R401 釜温 78℃
	15		通过釜 401 夹套蒸汽阀 VA409 控制反应釜温度在 78℃左右
	16		输入回流时间 30 分钟，并按下确定按钮
精制出料	1		打开精制控制面板，R401 釜温控制设为手动
	2		关闭釜 R401 夹套蒸汽进口阀 VA409 及其前后阀
	3		待釜 R401 夹套冷凝水排尽后，关闭釜 R401 夹套冷凝水出口阀 VD406
	4		关闭冷凝器 E401 进水阀 VD405
	5		关闭冷凝器 E401 进水阀 VD407 前阀 VDI407、后阀 VDO 407，关闭进水阀 VD407
	6		关闭回流阀 VD404
	7		打开板框式压滤机 F401 前阀 VD412、后阀 VD413
	8		关闭反应釜顶部蒸馏气相出口阀 VA406
	9		打开微孔式滤膜过滤器 F402 前阀 VD414、后阀 VD415
	10		打开冷凝器 E402 出水阀 VA417 前阀 VDI417、后阀 VDO 417，打开出水阀 VA417
	11		打开冷凝器 E402 进水阀 VD409
	12		打开结晶釜顶部蒸馏气相出口阀 VA414
	13		打开冷凝器 E402 热物流出口阀 VD410
	14		打开结晶釜 R402 进料阀 VA413
	15		打开反应釜出料阀 VD416
	16		打开反应釜 R401 的氮气进口阀 VA405，R401 釜内物料全部压入结晶釜 R402，釜内物料完成压出后，关闭氮气进口阀 VA405
	17		关闭反应釜 R401 搅拌开关、关闭反应釜出料阀 VD416
	18		关闭板框式压滤机 F401 前阀 VD412、后阀 VD413
	19		关闭微孔式滤膜过滤器 F402 前阀 VD414、后阀 VD415

续表

任务		岗位	
		外操（现场：开关、阀门、巡检）	内操（总控室：DCS 操作）
洁净区更衣	1	坐在入门口的横凳上，将一般生产区工鞋脱去，放入横凳下规定的鞋架上，坐着转身 180°，穿上洁净区工作鞋	
	2	手部清洗，清洗干净之后，伸手到烘手机下进行烘干	
	3	从更衣室衣柜中，取出洁净区浅蓝色上下二分体洁净工作服，按照规定，进行更衣	
	4	更衣完毕，进入缓冲间，对双手进行消毒和干燥，之后即可进入洁净车间进行相关操作	
结晶	1		关闭结晶釜 R402 进料阀 VA413
	2		启动结晶釜 R402 搅拌开关
	3		打开结晶釜 R402 自来水出口阀 VA422 前阀 VDI422、后阀 VDO422
	4		打开结晶釜 R402 自来水出口阀 VA422、进口阀 VD426，将结晶釜内温度降至 30℃左右
	5		关闭自来水出口阀 VA422 前阀 VDI422、后阀 VDO422
	6		关闭自来水进口阀 VD426、出口阀 VA422
	7		关闭结晶釜顶部蒸馏气相出口阀 VA414
	8		关闭冷凝器 E402 热物流出口阀 VD410
	9		关闭冷凝器 E402 进水阀 VD409
	10		关闭冷凝器 E402 出水阀 VA417 前阀 VDI417、后阀 VDO417，关闭 VA417
	11		打开结晶釜冷冻盐水出口阀 VA415 前阀 VDI415、后阀 VDO415，关闭 VA415
	12		打开结晶釜冷冻盐水进口阀 VD408，控制釜内温度 5℃左右
	13		输入结晶时间 2 小时，并按下确定按钮，保持釜内温度在 5℃左右
	14		关闭结晶釜冷冻盐水进口阀 VD408
	15		关闭结晶釜冷冻盐水出口阀 VA415 前阀 VDI415、后阀 VDO415，关闭 VA415
离心洗涤蒸发	1		打开离心机出料阀门 VA418
	2		打开单效薄膜蒸发器 F404 冷凝水阀 VD422
	3		打开单效薄膜蒸发器 F404 蒸汽阀 VA421
	4		打开单效薄膜蒸发器 F404 底部出口阀 VD423
	5		打开单效薄膜蒸发器 F404 二次蒸汽出口阀 VD425
	6		打开玻璃冷凝器 E403 冷却水出口阀 VA419
	7		打开玻璃冷凝器 E403 冷却水入口阀 VD421
	8		打开受器 V404 进口阀 VD424
	9		检查离心机是否正常运行，打开离心机电源开关，启动离心机
	10		打开离心机 M401 进料阀 VD418
	11		打开结晶釜排料阀 VD417，将釜内物料排放至离心机
	12	进入泵 P401 控制面板，点击计量泵 P401 "计量复位" 按钮，设定计量泵 P401 进料量 60kg	打开微孔式滤膜过滤器 F403 前阀 VD419、后阀 VD420

续表

任务		岗位	
		外操（现场：开关、阀门、巡检）	内操（总控室：DCS 操作）
离心洗涤蒸发	13		打开乙醇高位槽 V402 放空阀 VA411
	14		打开乙醇高位槽 V402 进料阀 VA410
	15	打开计量泵 P401 前阀 VD401、后阀 VD402，启动泵，达到设定值时，自动停泵	点击高位槽 V402 液位计，确认进料量满足要求，关闭进料阀 VA410
	16		关闭微孔式滤膜过滤器 F403 前阀 VD419、后阀 VD420
	17	关闭计量泵 P401 前阀 VD401、后阀 VD402	打开结晶釜 R402 进料阀 VA413
	18		打开高位槽 V402 放料阀 VD407
	19		乙醇经结晶釜 R402 进入离心机，无水乙醇洗涤完成后，关闭阀 VD407
	20		关闭结晶釜 R402 进料阀 VA413
	21		关闭乙醇高位槽 V402 放空阀 VA411
	22		釜内所有物料排完，关闭结晶釜 R402 搅拌开关
	23		关闭结晶釜排料阀 VD417
	24		关闭离心机 M401 进料阀 VD418
	25		离心机自动卸料后，关闭离心机电源开关
	26		关闭离心机出料阀门 VA418
	27		关闭单效薄膜蒸发器 F404 蒸汽阀 VA421
	28		关闭单效薄膜蒸发器 F404 冷凝水阀 VD422
	29		关闭单效薄膜蒸发器 F404 底部出口阀 VD423
	30		关闭单效薄膜蒸发器 F404 二次蒸汽出口阀 VD425
	31		关闭玻璃冷凝器 E403 冷却水入口阀 VD421
	32		关闭玻璃冷凝器 E403 冷却水出口阀 VA419
	33		关闭接受器 V404 进口阀 VD424
离心干燥出料	1	将物料送至双锥回转真空干燥箱车间，干燥箱进料	
	2	打开双锥回转真空干燥箱真空阀门 VA423	
	3	打开电源开关，启动水循环泵	
	4	打开真空干燥箱电源开关、回转开关	
	5	打开真空干燥箱加热开关，设定干燥温度 55℃，输入干燥时间 12 小时，并按下确定按钮	
	6	达到干燥时间后，关闭干燥机加热开关	
	7	关闭干燥机回转开关、关闭干燥机电源开关	
	8	停止水循环泵、关闭电源开关	
	9	关闭双锥回转真空干燥箱真空阀门 VA423	
	10	干燥出料，得到白色晶体，为曲唑酮精品	
	11	盐酸曲唑酮精品，经粉碎机粉碎过筛	
	12	粉碎过筛后，由混合机混合送至内包车间	
	13	在内包车间称量、扎紧袋口，贴上标签，经传递窗送至外包装车间	
	14	在外包装车间，将产品装入内衬药用塑料袋的纸桶中，将袋口热封，称重并填写桶签，贴于桶壁上	
	15	进入精制成品暂存区，精制产物称重	
	16	HPLC 检测产物	
	17	QA 确认后，产品入库	

（2）事故处理

表 6-13　精制单元事故处理流程表

序号	事故名称	现象	原因	处理方法
1	压滤过程管路堵塞－精制工段	压滤过程管路堵塞	微孔滤膜过滤器堵塞	①关闭阀 VD414，卸下微孔滤膜过滤器的出口接头；②检查一般生产区反应釜到板框式压滤机的管路是否通畅，如有堵塞，请清洗；③检查板框式压滤机内部管路是否畅通，如有堵塞，请清洗；④检查洁净区内管线至反应釜是否畅通，如有堵塞，请清洗；⑤用纯净水反冲洗微孔滤膜过滤器；⑥管路畅通后重新连接压滤管线至正常状态；⑦打开氮气吹扫管路
2	精制反应冷态开车阀卡事故	结晶釜温度升高	冷冻盐水出口阀 VA415 阀卡	关闭结晶釜冷冻盐水出口阀 VA415 前阀 VDI415、后阀 VDO415；打开结晶釜冷冻盐水旁路阀 VAR415，保持釜内 R402 温度在 5℃ 左右

目标检测

答案解析

1. 盐酸曲唑酮的合成由（　）个工艺（步骤）组成
   A. 4　　　　　B. 2　　　　　C. 3　　　　　D. 5

2. 盐酸曲唑酮合成中的第一步反应的反应类型是（　）
   A. 缩合反应　　　B. 烷基化反应　　　C. 环合反应　　　D. 亲核取代反应

3. 选择重结晶溶剂的经验规则是相似相容，那么对于含有易形成氢键的官能团化合物时应选用的溶剂是（　）
   A. 乙醚　　　　　B. 乙醇　　　　　C. 乙酮　　　　　D. 乙烷

4. 在 1-(3-氯苯基)-4-(3-氯丙基)哌嗪的生产过程中，反应产生的 HBr 和 HCl 易与产物成盐生成杂质。为防止杂质的产生，以下物质中可作为缚酸剂加入反应体系中的是（　）
   A. 丙酮　　　B. 1-溴-3-氯丙烷　　　C. 盐酸　　　D. 氢氧化钠

5. 结晶进行的先决条件是（　）
   A. 过饱和溶液　　　B. 饱和溶液　　　C. 不饱和溶液　　　D. 都可以

6. 盐酸曲唑酮重结晶选用的溶剂是（　）
   A. 乙醇　　　　　B. 乙醚　　　　　C. 丙酮　　　　　D. 乙烷

7. 板框压滤机是利用（　）实现固液分离的目的
   A. 重力　　　　　B. 离心力　　　　　C. 磁力　　　　　D. 压力差

8. 本工艺中，盐酸曲唑酮成品的干燥，采用的设备是（　）
   A. 微孔滤膜过滤器　　　　　B. 单效薄膜蒸发器
   C. 双锥回转真空干燥机　　　　D. 喷雾干燥器

9. 蒸馏是利用各组分（　）不同的特性实现分离的目的
   A. 溶解度　　　　B. 等规度　　　　C. 挥发度　　　　D. 调和度

10. 釜式反应器的操作方式有（　）
    A. 间歇操作　　　　　B. 半连续或半间歇操作
    C. 间歇操作和连续操作　　　D. 间歇操作、半连续操作和连续操作

实训二　美罗培南生产 3D 仿真实训

美罗培南生产 3D 仿真软件针对美罗培南生产的厂区、生产厂房和设备采用三维建模，将实际美罗培南生产的流程操作以三维虚拟现实的形式进行形象逼真的表现，通过互动操作及学习，使学生熟悉生产过程，掌握操作要点，理解理论知识，提高职业素养。3D 软件工艺内容包含氢化反应、减压浓缩、浓缩结晶、脱色精制、干燥包装工段。设备包含配料罐、釜、罐、泵、过滤器、离心机、三合一设备等。软件包含生产实习与认识实习两部分。本章节主要介绍生产实习部分，学习者能够根据操作规程进行生产操作，依据数据变化及时调节工艺参数，达到生产实习的训练目的。

一、美罗培南生产仿真工艺流程简介

美罗培南，化学式为 $C_{17}H_{25}N_3O_5S$，本品为 (-)-(4R,5S,6S)-3-[(3S,5S)-5-(二甲基胺酰基)-3-吡咯烷]硫-6-[(1R)-1-羟乙基]-4-甲基-7-氧-1-氮杂双环[3.2.0]庚-2-烯-2-羧酸三水合物，为β-内酰胺类抗生素，是人工合成的广谱碳青霉烯类抗生素，通过抑制细菌细胞壁的合成而产生抗菌作用，用于治疗多种不同的感染，包括脑膜炎及肺炎。产品为白色至微黄色结晶性粉末，无臭。在甲醇中溶解，在水中略溶，在丙酮、乙醇或乙醚中不溶，在 0.1mol/L 氢氧化钠溶液中溶解，在 0.1mol/L 盐酸溶液中略溶。

1. 生产方法　以甲醇、四氢呋喃、缩合物、钯炭、氢气等为原料，经氢化还原得美罗培南三水化合物的粗品。再经过精制工序以粗品、注射用水、活性炭、丙酮等为原料，进行溶解脱色、重结晶、干燥，得美罗培南（三水化合物）成品。其中，Pd-C（钯碳）为常用氢化时与氢气合用的催化剂；呋喃和甲醇为混合溶剂；PNB 为羧基保护基团（为对硝基苄基英文 *p*-nitrobenzyl 缩写），合成路线如下。

（化学反应式）

PNB保护的美罗培南前体　+ 8H₂ —（Pd-C(催化剂）/CH₃OH-THF）→ 美罗培南　+　2H₃C—⟨⟩—NH₂ + 4H₂O + CO₂

2. 工艺过程及工序划分　美罗培南生产属间歇操作，全过程共分两个工序：还原工序和精制工序。还原工序又可分为还原工段和还原后处理工段；精制工序又可分为精制工段和粉碎包装工段，具体流程如图 6-7、图 6-8 所示。

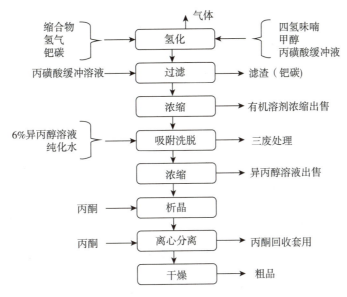

图 6-7 美罗培南还原工序流程方框图

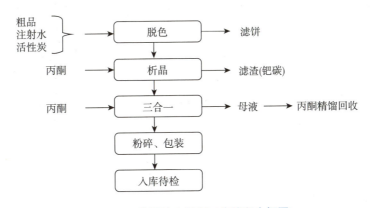

图 6-8 美罗培南精制工序流程方框图

二、还原工序

1. 投料 在配料罐（R1001）中配制 0.1mol/L 13-（N-吗啡啉）丙磺酸缓冲液。氢化反应釜（R1002）清洗烘干后，关闭其他阀门，打开高真空阀门抽真空，然后充入氮气置换，反复两次。配料罐（R1001）通过计量泵（P1001）向氢化反应釜加入缓冲液 567kg，通过计量泵（P1002）加入四氢呋喃 491kg，通过计量泵（P1003）加入甲醇 72.2kg。在氮气保护下，上口加入 92.2kg 固体缩合物和 9.22kg Pd-C 催化剂，关闭投料口。

2. 氢化反应 打开氢化釜夹套通入饱和蒸汽，控制温度在 38℃左右。在氮气保护下打开氢气入口阀门，通入来自钢瓶的氢气，压力维持在 0.5~0.6MPa，压力低于 0.5MPa 时补充氢气，反应 6 小时（如果反应过程中剧烈放热，冷却盘管内通入冷却水冷却）。

3. 还原反应后处理 反应结束后，关闭氢气入口阀，停止搅拌，夹套加大循环水量冷却。泄压，打开釜底放液阀，通入氮气将溶液压至脱碳过滤器（S1001）压滤，回收催化剂。通过计量泵（P1001）加入少量 0.1mol/L 缓冲液洗涤滤渣。洗涤液和滤液转移至中间接收罐（V1001）。中间接收罐（V1001）中滤液经离心泵（P1003）转移至浓缩釜（R1003），流程图如图 6-9 所示。

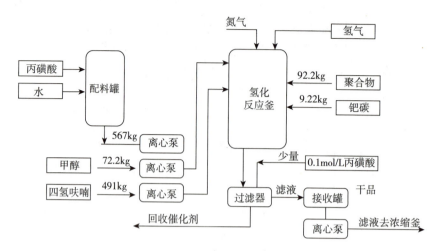

图6-9　氢化反应单元（还原工段）流程简图

4. 减压浓缩　启动减压浓缩釜（R1003），抽真空使釜内压力降至一定值，同时打开蒸汽进出口和冷凝器（E1001）的冷却水进出水阀，控制釜内温度35~40℃，维持釜内较稳定的沸腾状态，蒸出的四氢呋喃和甲醇气体经冷凝器（E1001）冷凝，打开放液阀，使冷凝液通过重力自流进入接收罐（V1002）收集，对外出售。浓缩结束后，关闭真空系统，打开减压浓缩釜釜底放液阀，用转子流量计通过离心泵（P1005）将浓缩液通入大孔吸附树脂柱（S1002）中，吸附结束后，用纯化水进行洗涤以除去残留在树脂中的部分杂质，然后用离心泵（P1006）将6%的异丙醇水溶液对吸附的美罗培南进行解吸。经大孔吸附树脂柱吸附后的流出液通入中间接收罐（V1003），废液通入废液罐。中间接收罐（V1003）中滤液经离心泵（P1008）转移至浓缩/结晶釜（R1005）中，流程图如图6-10所示。

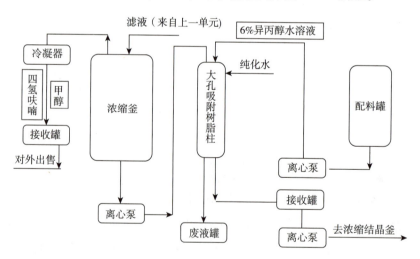

图6-10　减压浓缩单元（还原后处理工段）流程简图

5. 浓缩结晶　启动减压浓缩/结晶釜，抽真空使釜内压力降至一定值，同时打开蒸汽进出口和冷凝器（E1002）的冷却水进出水阀，控制釜内温度40℃，维持釜内较稳定的沸腾状态，蒸出的异丙醇气体经冷凝器（E1002）冷凝。打开放液阀，使冷凝液通过重力自流进入接收罐（V1005）收集，对外出售。浓缩结束后，关闭真空系统，通过计量罐（V1004）通入丙酮500.9kg，打开浓缩结晶釜冰盐水夹套进出口通冰盐水将釜体降温至0~5℃，搅拌下析晶2.5小时。结晶完成后，打开结晶釜釜底放液阀，结晶后料浆通过重力自流进入离心机（S1003）中过滤干燥，然后在滤液接收装置中抽真空，滤液抽滤至丙酮回收罐，首次过滤完成后，通过计量罐（V1004）喷淋少量丙酮洗涤液，离心同时将洗涤液滤出至丙酮回收罐，达到分离要求后，停机。离心机自动卸料，滤饼送至干燥机（S1004）中干燥，得美罗培南粗品，流程图如图 6-11 所示。

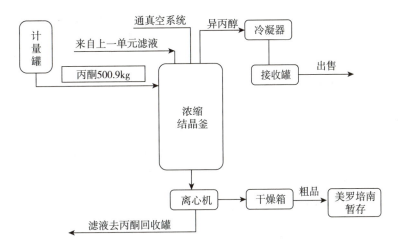

图 6-11 浓缩结晶单元（还原后处理工段）流程简图

三、精制工序

1. 脱色 脱色釜（R1006）开注射用水阀门加入 951.9kg 的纯化水，从投料口加入 53.3kg 粗品，2.7kg 活性炭，关闭投料口，打开脱色釜夹套冷冻盐水进出口，控制温度 0～5℃，开搅拌装置，搅拌下脱色 30 分钟。脱色结束后，打开釜底放料阀，通入氮气将溶液压出，转移至板框过滤器（S1005）压滤，脱碳，滤渣回收处理。滤液经氮气压入 0.5μm 精密滤芯过滤器（S1006）过滤，再通过 0.22μm 精密滤芯过滤器（S1007）过滤。滤液通过氮气压至结晶釜（R1007）中。

2. 结晶 启动结晶釜（R1007），打开循环水进出口阀，降至室温后，关闭循环水进水阀，打开循环水进出水连接阀和压缩空气进气阀，排尽夹套内循环水，关闭所有阀门。打开冷冻盐水进出水阀，继续降温至 0～5℃，减少冷冻盐水用量，维持温度不变。从丙酮储罐中通过离心泵（P1009）将丙酮依次过 0.5μm 精密滤芯过滤器（S1008）和 0.22μm 精密滤芯过滤器（S1009）过滤到计量罐（V1006）中，通过计量罐向结晶釜中加入丙酮 471kg，打开搅拌器缓慢搅拌，析晶 2.5 小时。结晶完成后，打开釜底放液阀，通入氮气将溶液压出，转移至三合一设备中（S1010）。

3. 结晶后处理 滤液通过滤床被抽滤至滤液收集器，滤饼逐渐在滤床上形成。通过喷淋少量纯化水洗涤，启动搅拌器反向搅拌，使滤饼重新混悬。通过操作搅拌器，轻轻地挤压滤饼，挤出残余液体。在过滤器上的夹套内通热水加热干燥（控制温度 40℃），同时在过滤器的顶部和底部抽真空。挥发的残余溶剂，通过接收装置上的冷凝器浓缩并回收。最后经过搅拌器在卸料方向的旋转和同时的下降运动，搅拌器刮铲一层一层地顺序将滤饼刮出，滤饼可从卸料口自动出料，得到白色结晶性粉末美罗培南精品（含量≥99%）。

母液中的丙酮精馏回收套用，残留物送至市政处理，干燥后的物料通过移动料仓转移至粉碎包装工序，流程图如图 6-12 所示。

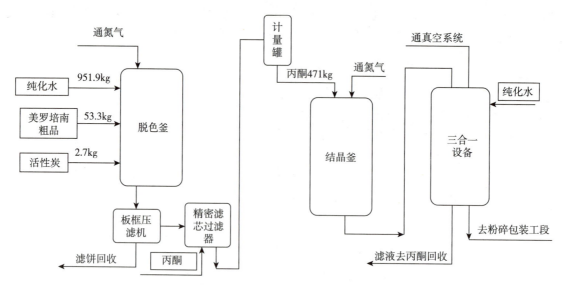

图 6 - 12　脱色精制单元（精制工段）流程简图

四、主要设备及位号

表 6 - 14　主要设备及位号表

序号	设备位号	设备名称	主要作用
一、反应器类			
1	R1001	配料罐	配制 0.1mol/L 的丙磺酸缓冲液
2	R1002	氢化反应器	氨气和氧化氮气体反应生成氮气和水
3	R1003	减压浓缩釜	缩合物、四氢呋喃、丙磺酸缓冲液跟氢气反应
4	R1004	配料罐	配制 6% 的丙磺酸缓冲液
5	R1005	浓缩结晶釜	产品浓缩结晶
6	R1006	脱色釜	产品脱色
7	R1007	结晶釜	产品结晶
二、罐			
1	V1001	接收罐	接收脱碳过滤后产品
2	V1002	接收罐	接收氢化反应后溶剂
3	V1003	接收罐	接收大孔吸附树脂后产品
4	V1004	计量罐	丙酮计量罐
5	V1005	接收罐	接收浓缩结晶后溶剂
6	V1006	计量罐	丙酮计量罐
三、换热器			
1	E1001	冷凝器	冷凝回收溶剂
2	E1002	冷凝器	冷凝回收溶剂
四、动力设备			
1	P1001	计量泵	给氢化釜输送缓冲液
2	P1002	计量泵	输送四氢呋喃
3	P1003	计量泵	输送甲醇
4	P1004	离心泵	给减压浓缩釜输送进料

续表

序号	设备位号	设备名称	主要作用
5	P1005	离心泵	给大孔吸附树脂输送物料
6	P1006	离心泵	给大孔吸附树脂输送缓冲液
7	P1007	离心泵	给浓缩结晶釜输送进料
8	P1008	离心泵	输送并计量丙酮
9	P1009	离心泵	给结晶釜输送丙酮
五、分离设备			
1	S1001	脱碳过滤器	脱出催化剂钯碳
2	S1002	大孔吸附树脂	脱除杂质
3	S1003	离心机	分离滤液丙酮
4	S1004	真空干燥机	产品干燥
5	S1005	板框压滤机	过滤杂质
6	S1006	精密过滤器	过滤杂质
7	S1007	精密保安过滤器	过滤杂质
8	S1008	精密过滤器	过滤杂质
9	S1009	精密保安过滤器	过滤杂质
10	S1010	三合一设备	过滤、干燥、洗涤
11	S1011	粉碎筛粉一体机	粉碎、筛粉
12	S1012	混合机	混合
13	S1013	无菌分装系统	包装

五、知识点链接

现将 DCS 操作系统控制回路简介如下。

控制回路主要包括：单回路控制系统、分程控制系统、比值控制系统、串级控制系统。

1. 单回路控制系统　又称单回路反馈控制。单回路反馈控制是最基本、结构最简单的一种，又称之为简单控制。

单回路反馈控制由四个基本环节组成，即被控对象（简称对象）或被控过程（简称过程）、测量变送装置、控制器和控制阀。如图 6-13 所示。

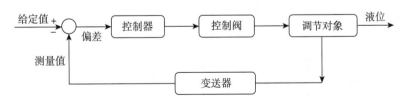

图 6-13　单回路控制系统

2. 分程控制回路　通常是一台调节器的输出只控制一只控制阀。在分程控制系统回路中，一台调节器的输出可以同时控制两只甚至两只以上的控制阀，调节器的输出信号被分割成若干个信号的范围段，而由每一段信号去控制一只控制阀。调节器输出改变时，控制阀有两种改变方式，如图 6-14（A）和（B）所示，当调节输出值 OP 逐渐增大时，PV101A 从 100 逐渐关小到 0；而 PV101B 从 0 逐渐开大到至 100。另一种是当调节输出值 OP 由 0~50 逐渐增大时，PV101A 从 100 逐渐关小到 0；当调节输出值 OP 由 50～100 逐渐增大时，PV101B 从 100 逐渐关小到 0。

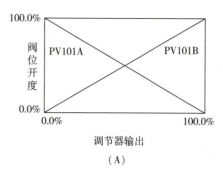

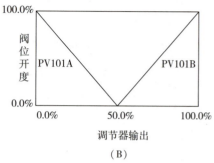

图 6－14　分程控制回路图

3. 比值控制系统　实现两个或两个以上参数符合一定比例关系的控制系统，称为比值控制系统。通常以保持两种或几种物料的流量为一定比例关系的系统，称之流量比值控制系统。

在化工、炼油及其他工业生产过程中，工艺上常需要两种或两种以上的物料保持一定的比例关系，比例一旦失调，将影响生产或造成事故。

比值控制系统可分为：开环比值控制系统、单闭环比值控制系统、双闭环比值控制系统、变比值控制系统、串级和比值控制组合的系统等。

对于比值调节系统，首先是要明确哪种物料是主物料，而另一种物料按主物料来配比。

4. 串级控制系统　如果系统中不止采用一个控制器，而且控制器间相互串联，一个控制器的输出作为另一个控制器的给定值，这样的系统称为串级控制系统。

串级控制系统的特点如下。

（1）能迅速地克服进入副回路的扰动。

（2）改善主控制器的被控对象特征。

（3）有利于克服副回路内执行机构等的非线性。

六、岗位情景模拟操作

1. 开车操作

表 6－15　美罗培南生产岗位操作流程表

任务		岗位	
		外操（现场：开关、阀门、巡检）	内操（总控室：DCS 操作）
丙磺酸缓冲液配制	1	打开配料罐 R1001 的纯净水进料阀 VA001，给配料罐加水	观察纯净水的进料量为 567.5kg 左右时
	2	关闭 VA001	
	3	点击"氢化工段加料控制面板"，设置丙磺酸进料量大约为 12kg，点击确认按钮	
	4	点击配料罐搅拌器，启动搅拌器	如果配料罐温度高于 28℃，打来冷却水阀给配料罐降温
	5	搅拌大约 30 秒（仿真时间），停止搅拌器	
氢化反应	1	启动氢化釜缓冲液进料泵 P1001	
	2	打开 P1001 后截止阀 VD001，给氢化釜进缓冲液	观察显示面板，进料量达到 521.5kg 左右
	3	停缓冲液进料泵 P1001，关闭截止阀 VD001	
	4	启动氢化釜四氢呋喃进料泵 P1002	
	5	打开 P1002 后截止阀 VD002，给氢化釜进四氢呋喃	观察显示面板，进料量达到 491.2kg 左右
	6	停四氢呋喃进料泵 P1002，关闭截止阀 VD002	

续表

任务		岗位	
		外操（现场：开关、阀门、巡检）	内操（总控室：DCS 操作）
氢化反应	7	启动氢化釜甲醇进料泵 P1003	
	8	打开 P1003 后截止阀 VD003，给氢化釜进甲醇	观察显示面板，进料量达到 72.8kg 左右
	9	停甲醇进料泵 P1003，关闭截止阀 VD003	
	10	点击"氢化工段加料控制面板"设置缩合物进料量大约为 92.2kg，点击确认按钮	
	11	点击"进料操作"设置钯碳进料量大约为 9.2kg，点击确认按钮	
	12	打开氢气控制阀 PV1001 的前切断阀 VDIPV1001、后切断阀 VDOPV1001	缓慢打开氢气控制阀 PV1001，维持氢化釜的压力为 0.6MPa（可手、自动切换调节）
	13	打开冷凝水回水阀 VD010	
	14	打开蒸汽控制阀 FV1002 的前切断阀 VDIFV1002、后切断阀 VDOFV1002	
	15	打开冷凝液阀 VD040	打开蒸汽控制阀 FV1002，控制氢化釜温度在 38℃
	16	打开冷却水控制阀 TV1002 的前切断阀 VDITV1002、后切断阀 VDOTV1002	如果温度高于 38℃，打来冷却水控制阀 TV1002，保持氢化釜温度在 38℃
	17		关闭蒸汽控制阀 FV1002
	18	关闭蒸汽控制阀 FV1002 的前切断阀 VDIFV1002、后切断阀 VDOFV1002	
	19	点击氢化釜搅拌器，启动搅拌，反应持续 6 小时左右（仿真时间 5 分钟左右）	反应结束后，关闭氢气控制阀 PV1001
	20	关闭氢气控制阀 PV1001 的前切断阀 VDIPV1001、后切断阀 VDOPV1001	
	21	停止搅拌	关闭冷却水控制阀 TV1002
	22	关闭冷却水控制阀 TV1002 的前切断阀 VDITV1002、后切断阀 VDOTV1002	
	23	打开氮气阀 VD008，给氢化釜充压，将料液压入脱碳过滤器	
	24	打开氢化釜卸料阀 VD009 卸料	
	25	打开脱碳过滤器 S1001 出料阀 VD012，将滤液转移至中间罐 V1001	
	26	待滤液全部压出脱碳过滤器后，关闭氮气阀 VD008	
	27	启动氢化釜缓冲液进料泵 P1001	
	28	打开 P1001 后截止阀 VD004，给脱碳过滤器进缓冲液大约 58kg，洗涤滤渣	观察显示面板，进料量达到 58kg 左右
	29	停进料泵 P1001，关闭截止阀 VD004	
	30	启动中间罐 V1001 出料泵 P1004	打开脱碳过滤器 S1001 溶剂回收阀 VD013，进行溶剂回收
	31	打开 P1004 后截止阀 VD014，将滤液转移至浓缩釜 R1003	
	32	待中间罐 V1001 的液位降至 5% 左右时，关闭截止阀 VD014	
	33	停止中间罐 V1001 出料泵 P1004	

续表

任务		岗位	
		外操（现场：开关、阀门、巡检）	内操（总控室：DCS 操作）
减压浓缩	1	打开减压浓缩釜 R1003 抽真空阀 PV1003 后阀 VDIPV1003、前阀 VDOPV1003	
	2	打开减压浓缩釜 R1003 蒸汽阀 FV1003 后阀 VDIFV1003、前阀 VDOFV1003	
	3	打开冷凝水阀 VD055	
	4	打开冷凝器 E1001 的冷却水阀 VD022，使蒸出的溶剂全凝后通过重力自流入接收罐 V1002	打开减压浓缩釜 R1003 抽真空阀 PV1003，将釜压降至负压
	5		打开减压浓缩釜 R1003 蒸汽阀 FV1003，将釜内温度控制在 38℃左右
	6		看趋势线，待甲醇和四氢呋喃全部蒸发后，关闭抽真空阀 PV1003
	7		浓缩结束后，关闭蒸汽阀 FV1003
	8	打开冷却水回水切断阀 VD021	
	9	打开减压浓缩釜 R1003 冷却水阀 TV1003 前阀 VDITV1003、后阀 VDOTV1003	打开减压浓缩釜 R1003 冷却水阀 TV1003，降温至 30℃以下
	10	打开大孔吸附树脂柱的工艺下水阀门 VD027，吸附后的废液进工艺下水	
	11	启动离心泵 P1005，将浓缩液通入大孔吸附树脂柱 S1002 中	
	12	打开离心泵 P1005 后的截止阀 VD030	
	13	打开纯水阀 VD024	给配料罐加入纯水 892.7kg
	14	关闭纯水阀 VD024	
	15	打开异丙醇阀 VA002，给配料罐加入异丙醇，配好 6% 的异丙醇溶液备用	异丙醇加入 57.2kg 时
	16	关闭异丙醇阀 VA002	
	17	待浓缩液全部通入大孔吸附树脂柱后，关闭离心泵 P1005 后的截止阀 VD030	
	18	停离心泵 P1005	
	19	吸附结束后，打开纯化水阀 VD023，洗涤 10 分钟，以除去残留杂质（仿真时间 30 秒）	
	20	关闭大孔吸附树脂柱的工艺下水阀门 VD027	
	21	打开大孔吸附树脂柱到接收罐 V1003 的阀门 VD026	
	22	启动异丙醇泵 P1006	通入异丙醇水溶液 949.9kg，对吸附的美罗培南进行解析
	23	打开泵 P1006 后的截止阀 VD020，解析液通入中间接收罐 V1003	
	24	待解析液全部通入中间接收罐后，关闭泵 P1006 后的截止阀 VD020	
	25	停异丙醇泵 P1006	
	26	关闭减压浓缩釜 R1003 抽真空阀 PV1003 后阀 VDIPV1003、前阀 VDOPV1003	
	27	关闭减压浓缩釜 R1003 蒸汽阀 FV1003 前阀 VDIFV1003、后阀 VDOFV1003	
	28	关闭减压浓缩釜 R1003 冷却水阀 TV1003 前阀 VDITV1003、后阀 VDOTV1003	
	29	关闭大孔吸附树脂柱到接收罐 V1003 的阀门 VD026	

续表

任务		岗位	
		外操（现场：开关、阀门、巡检）	内操（总控室：DCS 操作）
浓缩结晶	1	启动丙酮泵 P1007，给计量罐 V1004 建立液位 50%	
	2	打开泵 P1007 后的截止阀 VD034	
	3	计量罐 V1004 液位达到 50% 左右，关闭泵 P1007 后的截止阀 VD034	
	4	停泵 P1007	
	5	启动异丙醇泵 P1008，将滤液转移至浓缩/结晶釜 R1005	
	6	打开泵 P1008 后的截止阀 VD049	
	7	打开浓缩/结晶釜 R1005 抽真空阀 PV1005 前阀、后阀	打开浓缩/结晶釜 R1005 抽真空阀 PV1005
	8	打开浓缩/结晶釜 R1005 蒸汽阀 FV1006 前阀、后阀	打开浓缩/结晶釜 R1005 蒸汽阀 FV1006
	9	打开冷凝水阀 VD072	
	10	打开浓缩/结晶釜 R1005 冷却水阀 TV1004 前阀、后阀	
	11	打开冷却水回水阀 VD053	
	12	打开冷凝器 E1002 的冷却水阀 VD042，使蒸出的溶剂全凝后通过重力自流入接收罐 V1005	
	13	滤液全部转入浓缩/结晶釜后，关闭泵 P1008 后的截止阀 VD049	
	14	停泵 P1008	
	15	打开浓缩/结晶釜 R1005 抽真空阀，控制釜压为负压	
	16	打开浓缩/结晶釜 R1005 蒸汽阀，将釜内温度控制在 40℃ 左右	观察趋势线，待异丙醇全部蒸出后
	17		关闭抽真空阀 PV1005
	18		浓缩结束后，关闭蒸汽阀 FV1006
	19	打开 VD047，往釜内通入丙酮 500.9kg	
	20	关闭 VD047	打开浓缩结晶釜冰盐水控制阀 TV1004，将釜体降温至 0~5℃
	21	打开搅拌装置	搅拌下析晶 2.5 小时（仿真时间 2 分钟）
	22	析晶时间到，关闭搅拌装置	析晶结束后，关闭冷盐水阀 TV1004
	23	打开氮气阀 VD039，给浓缩结晶釜加压	
	24	打开釜底截止阀 VD050，料浆全部压入离心机	
	25	关闭 VD050	
	26	打开离心机开关，开始离心，滤液直接流入回收装置	
	27	打开 VD048，往离心机中通入少量丙酮，进行洗涤，再离心，离心后收集滤饼，再关阀 VD048	
	28	离心结束后，关闭离心机	
	29	在粗品加料面板上，将离心后收集的滤饼投入真空干燥机，输入投料量 53.3kg，点击确定	
	30	打开真空干燥机 S1004 抽真空阀 PV1006 前阀、后阀	
	31	打开真空干燥机 S1004 蒸汽阀 TV1005 前阀、后阀	
	32	打开冷凝液阀 VD043	打开真空干燥机 S1004 抽真空阀 PV1006，将干燥机抽至真空后关闭真空阀
	33		打开真空干燥机 S1004 蒸汽阀 TV1005，给干燥机加热至 45℃ 左右进行干燥
	34	待温度升高至 45℃ 左右，打开干燥器开关进行干燥	
	35	干燥完成后，点击"卸料"按钮，进行卸料	
	36	关闭浓缩/结晶釜 R1005 抽真空阀 PV1005 前阀、后阀	
	37	关闭浓缩/结晶釜 R1005 蒸汽阀 FV1006 前阀、后阀	
	38	关闭浓缩/结晶釜 R1005 冷盐水阀 TV1004 前阀、后阀	
	39	关闭真空干燥机 S1004 抽真空阀 PV1006 前阀、后阀	
	40	关闭真空干燥机 S1004 蒸汽阀 TV1005 前阀、后阀	

续表

任务		岗位	
		外操（现场：开关、阀门、巡检）	内操（总控室：DCS 操作）
脱色精制	1	打开脱色釜注射水控制阀 FV1007 的前阀、后阀	
	2	打开脱色釜冷盐水控制阀 TV1006 的前阀、后阀	打开注射水控制阀 FV1007，给脱色釜 R1006 加入注射水
	3		待加入注射水累积量达到 951.9kg 时，关闭控制阀 FV1007
	4	加入粗品美罗培南 53.3kg，设定好投料量后点击"确认"按钮	
	5	加入活性炭 2.7kg，设定好投料量后点击"确认"按钮	打开脱色釜冷盐水阀 TV1006，控制温度 0～5℃
	6	开搅拌装置，搅拌下脱色 30 分钟（仿真时间 1 分钟）	
	7	脱色结束后关闭搅拌装置	
	8	脱色结束后，打开釜底放料阀 VD061	
	9	打开过滤器 S1006/S1007 出口阀 VD058	
	10	打开氮气阀 VD067，用氮气将溶液压出，转移至板框过滤器压滤后，滤液进入结晶釜 R1007	关闭冷盐水阀 TV1006
	11	关闭脱色釜注射水控制阀 FV1007 的前后阀	
	12	关闭脱色釜冷盐水控制阀 TV1006 的前后阀	
	13	启动丙酮泵 P1009，打开泵 P1009 后的截止阀 VD063	计量罐 V1006 建立液位 50%
	14	关闭泵 P1009 后的截止阀 VD063，停泵 P1009	
	15	打开结晶釜冷盐水控制阀 TV1007 的前阀、后阀	打开结晶釜冷盐水控制阀 TV1007，降温至 0～5℃
	16	打开截止阀 VD059，给结晶釜通入丙酮 471kg	
	17	开搅拌装置，搅拌下结晶 2 小时（仿真时间 1 分钟）	
	18	结晶结束后关闭搅拌装置	
	19	打开氮气阀 VD070，打开结晶釜釜底出料阀 VD065，将滤液压至三合一设备	
	20	关闭结晶釜冷盐水控制阀 TV1007 的前阀、后阀	关闭结晶釜冷盐水控制阀 TV1007
	21	待滤液全部留出后，关闭结晶釜釜底出料阀 VD065	
	22	关闭氮气阀 VD070	
干燥包装	1	打开三合一设备上的平衡阀 VD015	
	2	打开结晶釜出料阀 VD066，将料液转移至三合一设备	
	3	待滤液全部流出后，关闭结晶釜底出料阀 VD066	
	4	打开氮气阀 VD037，进行压滤	
	5	同时关闭三合一设备上的平衡阀 VD015	
	6	滤液全部压出后，再打开三合一设备上的平衡阀 VD015，关闭氮气阀 VD037	
	7	打开纯化水阀 VD056，进行洗涤，洗涤结束后重复过滤步骤	
	8	待液位升至 50% 左右，关闭纯化水阀 VD056	
	9	开搅拌洗涤 30 分钟	
	10	关闭平衡阀 VD015	
	11	打开氮气阀 VD037，进行二次压滤	
	12	滤液全部压出后，再打开三合一设备上的平衡阀 VD015	
	13	打开蒸汽阀 TV1008 的前阀、后阀	打开蒸汽阀 TV1008，给三合一设备加热，进行干燥
	14	干燥结束后，打开出料阀进行卸料	
	15	关闭蒸汽阀 TV1008 的前阀、后阀	关闭蒸汽阀 TV1008

2. 事故处理

表 6-16　美罗培南生产岗位操作事故处理流程表

序号	事故名称	现象	原因	处理方法
1	反应釜停电	反应釜油浴电加热停电	供电系统故障	①关闭电加热电源开关，并立即通知工程等相关部门； ②关闭反应釜搅拌电源开关，停止正在进行的加料等所有操作； ③关闭导热油进料阀 VA127； ④关闭导热油进口阀 VA127 的前阀 VDI127、后阀 VDO127； ⑤关闭导热油出料阀 VD118； ⑥打开导热油放料阀 VD130，将反应釜夹套中的油放入应急油箱中； ⑦启动环合仪表面板的备用电源
2	停冷却水	釜顶冷凝器停冷却水	冷却水泵故障	①关闭导热油电加热开关，并立即通知工程等相关部门； ②停止正在进行的加料等所有操作； ③关闭导热油热油循环，切换为导热油冷油循环，关闭导热油进料阀 VA127； ④关闭导热油进口阀 VA127 的前阀 VDI127、后阀 VDO127； ⑤关闭导热油出料阀 VD118； ⑥打开冷油出口阀 VD127； ⑦打开冷油进口阀 VA137 前阀 VDI137、后阀 VDO137； ⑧打开冷油进口阀 VA137； ⑨等温度降至室温 25℃左右关闭停止搅拌
3	冷油进口阀卡事故	反应釜温度升高	冷油进口阀坏	①关闭冷油进口阀 VA137 前阀 VDI137、后阀 VDO137； ②关闭冷油进口阀 VA137； ③打开冷油旁阀 VAP137，保持釜内 R101 温度在 5℃左右

答案解析

1. 美罗培南属于（　　）类抗生素
   A. β-内酰胺　　　　　B. 氧青霉烯　　　　　C. 碳青霉烯　　　　　D. β-内酰胺抑制剂

2. 在美罗培南的还原工序中，钯碳的作用只限于（　　）
   A. 催化　　　　　B. 酯化　　　　　C. 还原　　　　　D. 氧化

3. 下列各项中，属于机械分离过程的是（　　）
   A. 蒸馏　　　　　B. 吸收　　　　　C. 离心分离　　　　　D. 膜分离

4. 工业区应设在城镇常年主导风向的下风向，药厂厂址应设在工业区的（　　）位置
   A. 上风　　　　　B. 下风　　　　　C. 上风或下风　　　　　D. 侧风

5. 我国的 GMP 推荐，一般情况下，洁净度高于或等于 1 万级时，换气次数不少于（　　）次每小时
   A. 10　　　　　B. 15　　　　　C. 20　　　　　D. 25

6. 实际生产中，搅拌充分的釜式反应器可视为理想混合反应器，反应器内的（　　）
   A. 温度、组成与位置无关　　　　　　　　B. 温度、组成与时间无关
   C. 温度、组成既与位置无关又与时间无关　　D. 不能确定

7. 美罗培南的还原工序中钯碳加氢反应除了还原外，主要除去的是（　　）
   A. PNB 化合物　　　B. 氨基　　　C. PNB 基团　　　D. 氧化物

8. PNB 在美罗培南还原工序原料（即美罗培南前体）中起的作用是保护（　　）
   A. 氨基　　　　　B. 酯基　　　　　C. 羰基　　　　　D. 羧基

9. 关于离心技术和离心机，以下说法错误的是（　）

    A. 离心技术是指应用离心沉降进行物质的分析和分离的技术

    B. 物体在离心力场中表现的沉降运动现象是失重现象

    C. 离心技术主要用于样品的分离、纯化和制备

    D. 离心机就是利用离心机转子高速旋转产生的强大的离心力，迫使液体中微粒克服扩散加快沉降速度

10. 干燥这一单元操作，属于（　）过程

    A. 动量传递   B. 热量传递

    C. 质量传递   D. 热量传递和质量传递过程

书网融合……

      题库   微课1   微课2   本章小结

第七章　制药单元操作实训

PPT

学习目标

1. 掌握阿莫西林的理化性质、用途和生产工艺流程、反应设备和操作方法；阿莫西林生产操作规程及安全要求。

2. 了解阿莫西林单元反应类型和影响因素；生产过程的主要控制指标。

3. 能够绘制药物生产过程工艺流程图；能够准确填报中试生产内操、外操操作记录和完成试验总结；能够依据药品生产质量管理规范，遵守相关规定，不违章操作。

4. 具有良好的团队协作精神，具备基本的安全意识、环保意识等职业素养。

实训三　酶法生产阿莫西林操作实训 🄔微课

酶法生产阿莫西林小型装置，以6-氨基青霉烷酸（6-APA）为原料，在固载青霉素酰化酶的催化下与对羟基苯甘氨酸甲酯在水相中发生酰化反应生成阿莫西林。装置包括控制系统、制冷系统、纯水系统，涉及化学反应过程、传热过程、过滤过程、结晶过程等制药单元操作。通过该装置的操作训练，了解阿莫西林合成工艺路线，理解药物生产过程的主要控制指标，掌握设备的操作过程，能顺利完成加料、合成、结晶、抽滤四个主要操作过程。掌握制药岗位操作必需的基本理论、安全知识、操作规范和设备维护等技能。操作程序按照合成工岗位所需要的职业能力设计教学过程，教学内容以完成药物合成操作的具体工作项目为出发点，根据学生的认知特点、工作流程和国家有机合成工的要求安排选取，实训内容具有典型性、可操作性。

通过阿莫西林操作实训强化学生的实践动手能力，实现教学活动、教学内容与职业要求相一致，使学生具有胜任药物有机合成岗位的操作技能与必备知识，为顶岗实习和生产实习奠定基础（本实训设备适用于化学制药专业技能大赛）。

一、酶法生产阿莫西林工艺流程简介

阿莫西林是一种常用的半合成青霉素类广谱 β-内酰胺类抗生素，白色或类白色结晶性粉末；味微苦。在水中微溶，在乙醇中几乎不溶。耐酸，胃肠道吸收率达90%，且不易受大部分食物影响；纤维会影响吸收，降低药效。在服药期间不要吃高纤维食品，如燕麦、芹菜、胡萝卜等。阿莫西林杀菌作用强，穿透细胞膜的能力也强，是目前应用较为广泛的口服半合成青霉素之一，其制剂有胶囊、片剂、颗粒剂、分散片等，现常与克拉维酸合用制成分散片。

1. 生产方法　以6-氨基青霉烷酸（6-APA）为原料，在固载青霉素酰化酶的催化下与D-对羟基苯甘氨酸甲酯在水相中发生酰化反应生成阿莫西林。反应过程中，以氨水/盐酸控制pH。反应完毕，将分离出的固体阿莫西林及反应液混匀，加盐酸溶解过滤，加氨水进行等电点结晶。将湿晶进行分离、洗涤、干燥、混粉、磨粉、检验、包装得成品。反应方程式如下。

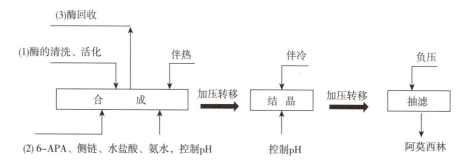

6-氨基青霉烷酸(6-APA)　　D-对羟基苯甘氨酸甲酯(侧链)　　　　　　　　　　　　　　阿莫西林

2. 工艺过程及工序划分　酶法生产阿莫西林属间歇操作，全过程共分三个工序：合成、结晶、产品精制。反应条件如下。

（1）酶活化温度：28℃。

（2）合成反应温度20℃，pH=6.5，反应时间1小时。

（3）结晶温度为5℃，养晶30分钟。

全流程方框图如图7-1所示。

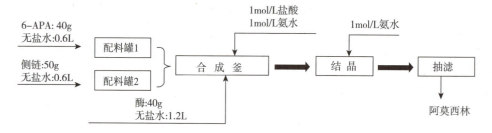

图7-1　工艺流程方框图

3. 物料平衡图

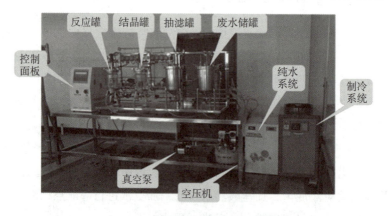

图7-2　阿莫西林物料平衡图

4. 装置系统组成　本装置由控制单元、水处理系统、冷水附属系统等部分组成，如图7-3所示。

图7-3　酶法合成阿莫西林装置图

二、触摸屏控制器的操作说明

（一）触摸屏开机

打开触摸屏电源开关，触摸屏自动启动，系统开始工作状态，先进入主菜单，可显示各种操作功能按钮，供进一步操作使用。

（二）触摸屏界面功能与操作

1. 主页面　当系统开始工作时首先进入主页面，这也是系统主菜单，在主页面中，以菜单的形式列出整个系统所包含的二级菜单和页面，如图 7 - 4 所示。

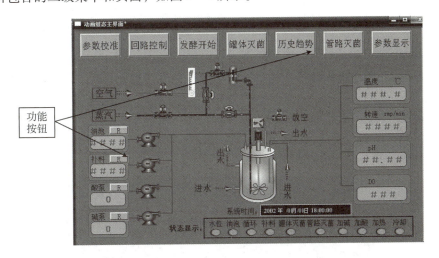

图 7 - 4　开机主页面

2. 参数显示页面　在主页面时点击参数显示功能按钮 参数总览 可切换到参数显示页面，如图 7 - 5 所示。显示当前各个变量的测量数值和设定值（包括转速、温度、DO、pH）以及补料和消泡状态指示灯，水位报警。也可以直接点击设定值进入相对应的控制界面。

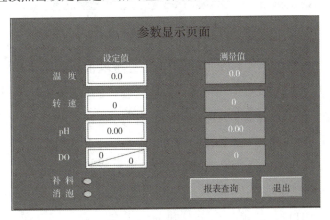

图 7 - 5　参数显示页面

3. 变量校准页面　在开机主界面点击变量校准功能按钮 校准选择 ，可以进入变量校准页面，如图 7 - 6 所示。可以实现对 pH 电极、溶氧电极、温度、电机转速的校准。注：转速、温度在出厂时已经校准，用户无权对其参数修改或校准，以免导致参数乱码或不准。

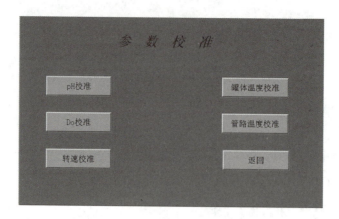

图 7 - 6　变量校准页面

校正 pH 电极及电极安装，具体的校准操作如下。

对反应罐、结晶罐 pH 电极进行校正（电极校正方法见电极操作规程），将电极安装到反应罐和结晶罐上。

在主界面中点击校准设置功能按钮 [校准选择]，即进入了变量校准页面，如图 7 - 6 所示，然后点击 pH 校准功能按钮 [PH校准]，即进入 pH 校准页面，如图 7 - 7 所示。

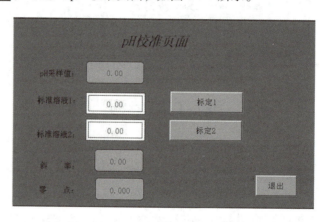

图 7 - 7　pH 校准页面

首先，将 pH 电极放入一杯 pH = 4.00 的酸性溶液中，待电极与溶液充分接触，pH 测量值稳定后，在标准溶液 1 中输入 4.00。按下其后的"校准"键 [标定1]；然后，把 pH 电极放入另外一杯 pH = 6.86 的中性溶液中，待电极和溶液充分接触，pH 测量值稳定后，按下其后的"校准"键 [标定2]；此时触摸屏会自动根据采样的数据，计算出 pH 回路的采样转换参数，显示 pHslope（转换斜率）和 pHzero（转换零点），并自动写入程序中；结束整个校准过程。点击退出按钮退出。

4. 回路显示页面　在主界面时点击回路控制功能按钮 [回路控制]，可切换到回路控制菜单，如图 7 - 8 所示。在这一页面包括所有需要控制监视的变量。也可在参数显示页面进入相应的参数控制以及监控。

在这个界面中点击相应的功能按钮，可以进入不同的回路控制界面。控制页面中的信息包括：变量当前运行方式（手动、自动）；变量当前的测量值，以及它相对应的输出控制量；在手动方式下，可以设置变量的控制值、输出控制值；自动方式下，系统根据手动方式下的设定值，自动控制输出控制量。

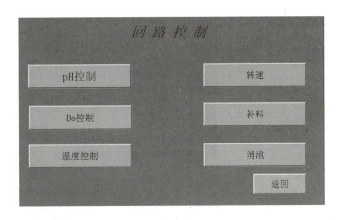

图7-8 回路控制菜单

（1）以pH控制设置方法为例，具体操作为：在主菜单中点击回路控制功能按钮 回路控制 ，进入回路控制菜单，如图7-9所示，点击pH功能按钮 pH ，系统切换到pH控制页面。

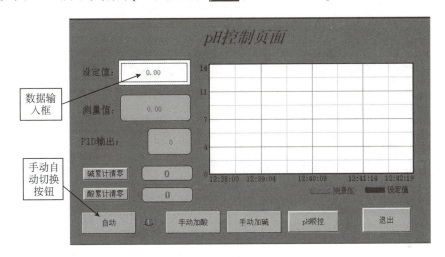

图7-9 pH控制

点击设定值下的数据输入框， 0.0 输入设定值。在手动控制方式下，可以任意输入酸碱泵的百分比。点击手动自动控制切换按钮，可以选择系统控制方式，系统默认为手动控制。输入设定值后，点击手动自动控制切换按钮，系统进入自动控制方式，根据在手动方式设定的值，自动调节酸碱泵的百分比。设置完成后点击"退出"按钮退出 退出 。

（2）顺序控制操作 此功能主要为了实现转速、温度、pH、补料等的间断式工作，在整个发酵过程中实现自动变换反应液的反应条件。

操作方法：例如转速顺控如图7-10所示，输入控制时间、工作参数，直接点击启动顺控，控制系统开始执行。

5. 历史曲线 在主页面中点击历史曲线进入曲线显示界面，如图7-11所示。历史曲线界面功能主要为pH、温度、转速、DO的曲线数据查看。可以更改查看时间。

功能按钮说明： 全部 全部是让界面显示所有数据曲线，也可点击对应数据按钮单独查看曲线。 ⏮ ⏪ ◀ ▶ ⏩ ⏭ ⏭ 这一栏为调整曲线的属性，更改属性请点击此键， ⏭ 点击后会弹出设置界面如图7-12所示，更改好以后点击确认。

图 7 – 10 转速顺控

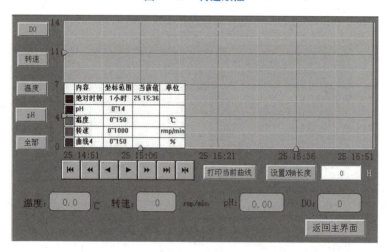

图 7 – 11 历史曲线

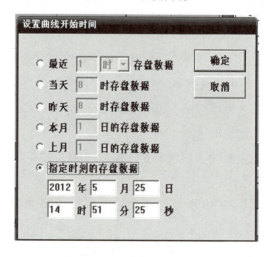

图 7 – 12 历史曲线设置界面

6. 报表查询 在主页面中点击参数显示、报表查询进入查询界面，如图 7 – 13 所示。报表查询界面功能主要为 pH、温度、转速、DO 的数字数据查看和 USB 导出。可以更改查看时间。

功能按钮说明：设置 设置为设置时间范围。如图 7 – 14 所示可以更改导出时间。刷新 刷新为刷新当前显示数据。数据一开机就默认为存储，不需要二次点击开启存盘，如需把数据导出至 U 盘。

请将 U 盘插入 USB 接口然后点击 USB 导出 ▭USB导出▭ （数据格式为 Excel 表格）。起始时间和结束时间是存储的有效时间。

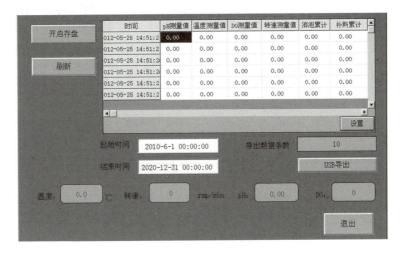

图 7－13　报表查询页面

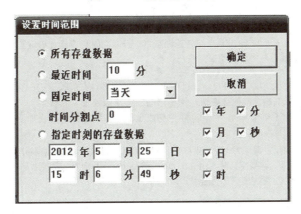

图 7－14　历史曲线时间范围设置页面

三、实训操作流程

表 7－1　酶法合成阿莫西林岗位操作流程表

序号	工序	工艺过程描述	操作岗位
1	校正 pH 电极并安装	对反应罐、结晶罐 pH 电极进行校正（电极校正方法见电极操作规程），将电极安装到反应罐和结晶罐上	外操 B
2	酸、碱投料到各自储罐	配酸、碱，将酸、碱分别加到各自储罐（左碱罐右酸罐），1mol/L 盐酸 1.8L，1mol/L 氨水 1.8L	外操 B
3	设备和管路灭菌	设备、管路灭菌	外操 A
4	检查设备状态	检查水电是否正常；检查设备状态；检查压力表和真空表是否显示为零，保证显示为零；检查系统阀门、泵等是否处于关闭状态，保证均处于关闭状态	外操 A
5	制备无盐水	打开自来水进水总阀（半开），打开制水机开关，打开制水机到装置阀；打开装置自来水进水、回水总阀。打开无盐水原水进水阀；打开装置无盐水进水阀（原水压力保持 0.1MPa 左右）	外操 A
6	开空气压缩机	打开空气压缩机排水塞和过滤器放水阀（在设备下部），将水排空后再关闭；打开空气压缩机开关和出气阀，确认设备压力表显示值大于 0（按照空气压缩机操作规程操作）	外操 A

续表

序号	工序	工艺过程描述	操作岗位
7	开冷冻机组	打开自来水进冷冻机阀，打开冷冻机组开关，温度设置为 5.0℃（按照冷冻机组操作规程操作）	外操 A
8	开控制柜	打开自动控制柜开关	内操
9	称量药品	称量药品 6 - 氨基青霉烷酸（6 - APA）40g、对羟基苯甘氨酸甲酯 50g、酶 40g 6 - APA：对羟基苯甘氨酸甲酯 =1：1.5（摩尔比） 酶：6 - APA=1：1（质量比）	外操 B
10	6 - APA 溶解	6 - APA 投料到 1 号烧杯，加无盐水总量为 600ml，开搅拌，温度档位设置 1~2 档，转速档位设置 5 档，溶解 30 分钟	外操 B
11	侧链溶解	对羟基苯甘氨酸甲酯投料到 2 号烧杯，加无盐水 600ml，开搅拌，温度档位设置 1~2 档，转速档位设置 5 档，溶解 30 分钟	外操 B
12	酶的清洗	将固定化酶加入到反应罐中，加无盐水约 1200ml，设置 28℃并投自动，搅拌速度 200r/min，正常搅拌 5 分钟，将水放出（注意打开反应釜侧面放水阀，放空阀保持打开状态）	外操 B
13	酶的活化	加无盐水 1200ml，搅拌转速 300r/min；温度达到 28℃之后活化 10 分钟以上	外操 B
14	6 - APA 投料	拧开旋塞，将 6 - APA 加到反应罐（用漏斗、玻璃棒配合）	外操 B
15	侧链投料	将对羟基苯甘氨酸甲酯加到反应罐（用漏斗、玻璃棒配合）	外操 B
16	合成反应	酶促反应，在操作面板设置反应温度 20℃并投自动，设置 pH 为 6.5 并投自动，搅拌转速 300r/min。反应 60 分钟后，转速调至 200r/min，向反应罐加酸直至溶液清亮（pH 约为 2）。合成反应中放空阀保持打开状态	内操
17	反应液投到结晶罐	关闭反应罐放空阀，打开反应罐进气阀；关闭结晶罐进气阀，打开结晶罐放空阀。启动反应罐与结晶罐之间的自控阀（注意结晶罐排水阀处于关闭状态），反应罐内加压，保证压力不大于 0.05MPa，将反应罐中料液全部压入结晶罐后停止加压，再关闭自控阀，打开反应罐放空阀	内操、外操 A
18	调晶、养晶	设置结晶罐反应温度为 5℃并投自动，搅拌转速为 50r/min，温度降到 18℃以下时，加氨水至 pH 5.1。调整搅拌转速为 40r/min，养晶 10~30 分钟；观察结晶状态，停止自动控制结晶罐（注意滴加氨水的速度）	内操、外操 A
19	抽滤准备	打开抽滤罐密封盖，称量滤纸，安放滤纸，关闭密封盖。关闭放空阀、关闭排液阀、试压（启动真空泵），压力达到 -0.05MPa。打开放空阀、打开排液阀（能熟练操作密封盖的安装、拆卸）	内操、外操 B
20	结晶罐至抽滤罐转移物料	打开结晶罐到抽滤罐阀门，打开结晶罐缩空气进口阀，启动结晶罐与抽滤罐之间的自控阀，将结晶罐中料液全部压入抽滤罐后关闭上述阀门（转移前，注意结晶罐放空阀关闭）	内操、外操 A
21	抽滤	关闭抽滤罐放空阀，打开真空泵开关，真空度高于 0.05MPa 后，抽滤 5 分钟，洗涤两次，开放空阀，继续抽滤 5 分钟，停止抽滤（注：当抽滤罐内水位过高时，侧面的隔膜泵会自动启动，将水排出）	内操、外操 A
22	酶回收	确保反应罐放空阀打开，反应罐加纯水 3L 左右，开搅拌 100r/min 洗酶。20 分钟后，打开反应罐底阀，将酶和水放出，回收酶（注意：在搅拌开的状态回收酶）	外操 A
23	洗涤、放料	打开抽滤罐顶盖，取出滤饼，放置指定容器	内操、外操 A
24	称重、检验	称重，分析检验含量（按《中国药典》2020 年版要求进行定性和定量检验）	外操 B
25	停车	关闭辅助设备开关；确保所有压力表归零、所有阀门均处于关闭状态；关闭自动控制系统。保持反应罐、结晶罐水位高于 pH 电极位置	外操 B
26	清场	设备清洗，废液回收，物品归位，台面洁净	内操、外操 A、外操 B

四、生产中的异常现象及处理

表 7 – 2　酶法合成阿莫西林设备故障处理表

现象	原因	解决办法
pH 电极无法校准	1. 放久了没有活化 2. 受污染了 3. 电极接插件受潮 4. 电极已损坏或失效	1. 按说明书活化 2. 按说明书清洗 3. 烘干处理 4. 调换电极
溶氧电极零位或满度无法调出，反应慢	1. 久了没有极化 2. 污染了 3. 电极接插件受潮或要调换电解液 4. 电极已损坏或失效	1. 按说明书极化 2. 按说明书清洗 3. 烘干处理，加电解液 4. 调换电极
罐压不能保持	1. 安装不到位 2. 密封件损坏 3. 阀、管泄漏 4. 螺丝松动，或松紧不一致	1. 细心安装 2. 检查更换 3. 修理、更换、调整 4. 拧紧或调整紧固
供气量不足	1. 过滤器阻塞 2. 供气系统原因 3. 分布器堵塞 4. 反应液黏度太高	1. 更换或清洗烘干 2. 检修 3. 清洗分布器 4. 改变培养液黏度
反应温度失控	1. 电器控制原因 2. 电加热器损坏 3. 循环泵电磁阀损坏	1. 检查修理 2. 更换 3. 调换
系统控制失灵	1. 接地不良 2. 受强干扰影响	1. 改变接地情况 2. 断电重新开机
硅胶管易老化龟裂	管没选对或溶液的浓度太高	选择合适的胶管或调整相应的溶液
硅胶管易夹破	硅胶管没装好	仔细安装

五、安全生产注意事项

（1）阿莫西林实验操作过程中需要盐酸及氨水，具有一定的腐蚀性及刺激性气味，因此实验过程中应穿戴防酸碱服、防酸碱手套。酸、碱加料过程中小心操作，防止迸溅。

（2）开机前，必须全面检查设备有无异常，安全保护设施完好，并确认无人在设备上作业，方可启动设备。

（3）主设备系统需待蒸汽附属系统、空气附属系统、纯水系统等辅助系统开机稳定后方可开机。

（4）制备无盐水及冷冻水前应确保原水开关打开，并确保生产结束后及时关闭原水开关。

（5）打开进料口前应确定罐体压力为零，防止进料口金属盖被管内高压崩出。

（6）设备出现冒烟、糊味等不正常情况，及时切断设备电源，并通知检修人员，避免扩大故障范围和发生触电现象。当漏电保护器出现跳闸时，不得私自重新合闸，及时通知检修人员。

（7）定期排出空压机中冷凝水，防止冷凝水损害电路及设备。

（8）取下 pH 电极保护套后，应避免 pH 电极的敏感玻璃泡与硬物接触，因为任何破损或擦毛都使 pH 电极失效。电极使用完毕后，要注意敏感膜的清洗，对复合电极来说，更要注意液接界的清洗，电极清洗后套上保护套。

六、知识点链接

(一) 主要原料的物化性质

1. 阿莫西林的物化性质

化学名称：$(2S,5R,6R)$-3,3-二甲基-6-[(R)-(-)-2-氨基-2-(4-羟基苯基)乙酰氨基]-7-氧代-4-硫杂-1-氮杂双环[3.2.0]庚烷-2-甲酸三水合物。

化学结构：

分子式：$C_{16}H_{19}N_3O_5S \cdot 3H_2O$；分子量：419.46。

本品为白色或类白色结晶性粉末；味微苦。本品在水中微溶，在乙醇中几乎不溶。本品耐酸，在胃肠道吸收好，且不易受大部分食物影响；纤维会影响吸收，降低药效。在服用此药期间不要吃高纤维食品，如燕麦、芹菜、胡萝卜等。取本品精密称定，加水溶解并稀释成每1ml中含1mg的溶液，依法测定，比旋度为 +290°至 +310°。

2. 6-氨基青霉烷酸的物化性质

化学名称：6-氨基青霉烷酸。

化学结构：

分子式：$C_8H_{12}N_2O_3S$；分子量：216.2575。

本品为白色晶体；熔点209~210℃（分解）；旋光度 +273°（$c=1.2$，0.1mol/L HCl）；旋光度 +337°（pH 7~10.5）；等电点 pH 4.2（水溶液）、6.2（乙醇溶液）。储存条件2~8℃，密封、干燥、远离氧化剂。

3. 对羟基苯甘氨酸甲酯的物化性质

化学名称：对羟基苯甘氨酸甲酯。

化学结构：

分子式：$C_9H_{11}NO_3$；分子量：181.19；白色结晶粉末；溶于甲醇；熔点 180~190℃。

(二) 纯水机工作原理

实验室超纯水机是实验室常用的水净化设备（图7-15），是通过过滤、反渗透、电渗析器、离子交换器、紫外灭菌等方法去除水中所有固体杂质、盐离子、细菌病毒等的水处理装置。广泛应用于医药、电子、化工以及生物理化实验室等。实验室超纯水机通常能产出纯水以及超纯水两种规格的水。

实验室超纯水机工作原理是自来水经过精密滤芯和活性炭滤芯进行预处理，过滤泥沙等颗粒物和吸附异味等，让自来水变得更加干净，然后再通过反渗透装置进行水质纯化脱盐，纯化水进入储水箱储存起来，其水质可以达到国家三级水标准，同时反渗透装置产生的废水排掉。反渗透纯水通过纯化柱进行深度脱盐处理就得到一级水或者超纯水，最后如果用户有特殊要求，则在超纯水后面加上紫外杀菌或者微滤、超滤等装置，除去水中残余的细菌、微粒、热源等。

图 7-15　超纯水机

精密滤芯、活性炭滤芯、反渗透膜、纯化柱都是具有相对寿命的材料，精密滤芯和活性炭滤芯实际上是对反渗透膜的保护，如果它们失效，那么反渗透膜的负荷就加重，寿命减短，如果继续开机的话，那产生的纯水水质就下降，随之就加重了纯化柱的负担，则纯化柱的寿命就会缩短。最终结果是加大了超纯水机的使用成本。纯水机工作流程如图 7-16 所示。

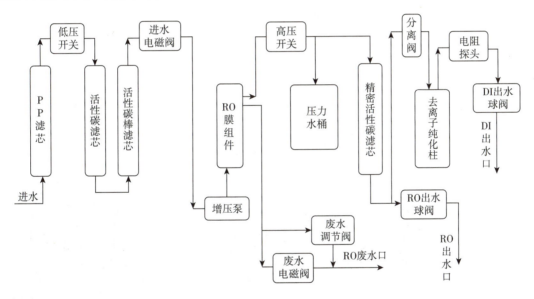

图 7-16　纯水机工作流程图

（三）制冷机工作原理

冷水机系统的运作是通过三个相互关联的系统：水循环系统、制冷剂循环系统、电器自控系统。

1. 冷水机的水循环系统　先向冷水机内水箱注入一定量的水，通过冷水机制冷系统将水冷却，再由水泵将低温冷却水送入需冷却的设备，冷水机冷冻水将热量带走后温度升高再回流到水箱，达到冷却的作用。冷却水温可根据要求自动调节，长期使用可节约用水。因此，冷水机是一种标准的环保、节能设备。

2. 冷水机的制冷剂循环系统　蒸发器中的液态制冷剂吸收水中的热量并开始蒸发，最终制冷剂与水之间形成一定的温度差，液态制冷剂亦完全蒸发变为气态后被压缩机吸入并压缩（压力和温度增加），气态制冷剂通过冷凝器（风冷/水冷）吸收热量，凝结成液体，通过热力膨胀阀（或毛细管）节流后变成低温低压制冷剂进入蒸发器，完成制冷剂循环过程。

图 7 - 17　冷水机

3. 冷水机的电器自控系统　包括电源部分和自动控制部分。电源部分是通过接触器，对压缩机、风扇、水泵等供应电源。自动控制部分包括温控器、压力保护、延时器、继电器、过载保护等相互组合达到根据水温自动启停、保护等功能。

工业冷水机的主要配置是：压缩机、电器元件、水泵、蒸发器、冷凝器、高压/低压压力控制器、高压/低压压力表、液晶显示温控器、膨胀阀、防冻开关、手阀、风机等，如图 7 - 17 所示。

本装置使用的是风冷式冷水机，即风冷式冷水机组主动吸收工艺用水中的热量，然后将热量传递到冷却装置周围的空气中（额外的热量可用于在冬季加热空间，比传统的加热系统更省钱）。制冷水机工作流程如图 7 - 18 所示。

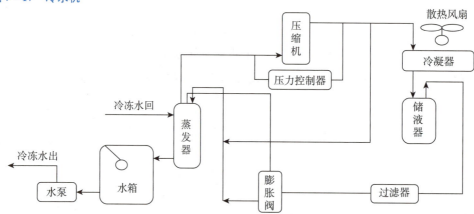

图 7 - 18　冷水机工作流程图

（四）空压机工作原理

空气压缩机（简称空压机）是气体压缩设备（图 7 - 19），其结构与水泵构造类似，按形式可分为往复活塞式、旋转叶片、旋转螺杆、离心式、轴流式等等多种形式。

本装置使用的是往复活塞式空压机，工作原理是利用曲柄连杆机构将原动机的旋转运动转变为活塞的直线往复运动，并借助进、排气阀的自动开闭进行气体的吸入、压缩和排出。空压机供气系统框图如图 7 - 20 所示。

图 7 - 19　空气压缩机

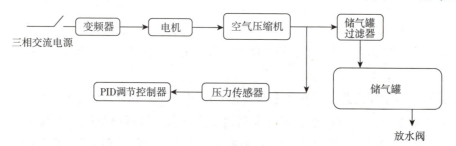

图 7 - 20　空压机供气系统框图

（五）蠕动泵工作原理

蠕动泵的工作原理基于蠕动运动，也称为"蠕动挤压"或"蠕动泵动作"。蠕动泵系统由三个部分组成：蠕动泵驱动器、蠕动泵泵头、蠕动泵泵管。泵头的外部有一个或多个挤压辊，可以沿着管道的长度方向移动。当挤压辊移动时，它们会对泵头上的管道施加压力，从而推动液体在管道中向前流动。流体被隔离在泵管中，可快速更换泵管，且流体可逆行，也可以干运转。

蠕动泵的工作过程可以分为以下几个步骤。

（1）挤压辊开始接触管道，将管道压缩并封闭（图7－21a）。

（2）随着挤压辊的移动，封闭的部分向前推进，推动液体流动（图7－21b）。

（3）挤压辊移开，管道恢复原状，形成负压，从而吸入新的液体（图7－21c）。

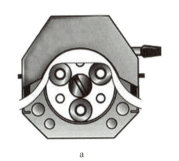 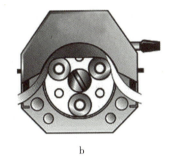 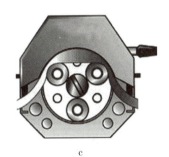

图7－21　蠕动泵的工作过程

答案解析

一、单选题

1. 阿莫西林是一种常用的半合成青霉素类抗生素，其活性必需结构是（　）

　　A. 五元噻唑环结构　　　B. β－内酰胺环　　　C. 侧链酰胺结构　　　D. 侧链氨基结构

2. 酶法生产阿莫西林的核心是利用酶催化加速（　）与对羟基苯甘氨酸甲酯的反应

　　A. 7－氨基青霉烷酸　　B. 6－氨基青霉烷酸　　C. 6－APC　　　D. 7－APA

3. 酶法生产阿莫西林的合成反应类型属于（　）

　　A. 酰化　　　　　　B. 酯化　　　　　　C. 烷基化　　　　D. 缩合

4. 酶法合成阿莫西林所用的酶在反应体系发生作用属于（　）反应

　　A. 液相　　　　　　B. 酶催化酯化　　　C. 均相　　　　　D. 异相

5. 阿莫西林的等电点范围是4～6，因此pH调节范围是（　）

　　A. 3～4　　　　　　B. 7～8　　　　　　C. 4～6　　　　　D. 6～7

二、多选题

1. 酶法合成阿莫西林对比于传统化学合成法的优势在于（　）

　　A. 产品质量好，杂质少　　　　　　　B. 绿色环保

　　C. 反应条件温和可控　　　　　　　　D. 易于工业化

2. 酶法合成阿莫西林反应中需尽可能少用有机溶剂并调节 pH 至低值（弱酸性），这是为了（　　）

    A. 避免催化剂活性被有机溶剂抑制   B. 避免分子内副反应

    C. 避免反应底物出现过多离子态而不利于酰化   D. 避免氧化

3. 酶法合成阿莫西林的投料比为 6-APA：对羟基苯甘氨酸甲酯 = 1：1.5（摩尔比），对羟基苯甘氨酸甲酯需要稍稍过量的原因是（　　）

    A. 防止 6-APA 自身聚合

    B. 对羟基苯甘氨酸甲酯被酶活化中可能会有损失

    C. 防止对羟基苯甘氨酸甲酯水解而损失

    D. 保持对羟基苯甘氨酸甲酯足够的浓度以使反应顺利完成

4. 酶法合成阿莫西林的反应是 6-氨基青霉烷酸在酶的催化下与对羟基苯甘氨酸甲酯在水相中发生酰化反应，具体发生反应的官能团是 6-氨基青霉烷酸侧链氨基与对羟基苯甘氨酸甲酯中的酯基，在此反应过程中酶的类别及其具体作用是（　　）

    A. 酶属于酰化酶   B. 酶属于水解酶

    C. 酯基先与酶作用生成活性中间体   D. 酯基先与酶作用水解生成羧酸

5. 研究表明，青霉素酰化酶不仅可以催化酰化，也会催化水解，所以在酶法合成阿莫西林过程中可能出现的副反应有（　　）

    A. 6-APA 的水解   B. D-对羟基苯甘氨酸甲酯的水解

    C. 阿莫西林的水解   D. 产物的重复酰化

书网融合……

     题库   微课   本章小结

附　录

附录一　甲醇–水溶液、乙醇–水溶液气液相平衡数据（摩尔）

附表1-1　甲醇–水溶液气液相平衡数据（摩尔）

x	y	x	y	x	y
0.00	0.000	0.15	0.517	0.70	0.870
0.02	0.134	0.20	0.579	0.80	0.915
0.04	0.234	0.30	0.665	0.90	0.958
0.06	0.304	0.40	0.729	0.95	0.979
0.08	0.365	0.50	0.779	1.00	1.000
0.10	0.418	0.60	0.825		

附表1-2　乙醇–水溶液气液相平衡数据（摩尔）

液相组成		气相组成		沸点/℃
乙醇质量分数/%	乙醇摩尔分数/%	乙醇质量分数/%	乙醇摩尔分数/%	
0.01	0.004	0.13	0.053	99.9
0.10	0.040	1.3	0.51	99.8
0.15	0.055	1.95	0.77	99.7
0.20	0.08	2.6	1.03	99.6
0.30	0.12	3.8	1.57	99.5
0.40	0.16	4.9	1.98	99.4
0.50	0.19	6.1	2.48	99.3
0.60	0.23	7.1	2.9	99.2
0.70	0.27	8.1	3.33	99.1
0.80	0.31	9.0	3.725	99
0.90	0.35	9.9	4.12	98.9
1.00	0.39	10.1	4.20	98.75
2.00	0.75	19.7	8.76	97.65
3.00	1.19	27.2	12.75	96.65
4.00	1.61	33.3	16.34	95.8
5.00	2.01	37.0	18.68	94.95
6.00	2.43	41.0	21.45	94.15
7.00	2.86	44.6	23.96	93.35
8.00	3.29	47.6	26.21	92.6
9.00	3.73	50.0	28.12	91.9

续表

液相组成		气相组成		沸点/℃
乙醇质量分数/%	乙醇摩尔分数/%	乙醇质量分数/%	乙醇摩尔分数/%	
10.00	4.16	52.2	29.92	91.3
11.00	4.61	54.1	31.56	90.8
12.00	5.07	55.8	33.06	90.5
13.00	5.51	57.4	34.51	89.7
14.00	5.98	58.8	35.83	89.2
15.00	6.46	60.0	36.98	89
16.00	6.86	61.1	38.06	88.3
17.00	7.41	62.2	39.16	87.9
18.00	7.95	63.2	40.18	87.7
19.00	8.41	64.3	41.27	87.4
20.00	8.92	65.0	42.09	87
21.00	9.42	65.8	42.94	86.7
22.00	9.93	66.6	43.82	86.4
23.00	10.48	67.3	44.61	86.2
24.00	11.00	68.0	45.41	85.95
25.00	11.53	68.6	46.08	85.7
26.00	12.08	69.3	46.90	85.4
27.00	12.64	69.8	47.49	85.2
28.00	13.19	70.3	48.08	85
29.00	13.77	70.8	48.68	84.8
30.00	14.35	71.3	49.30	84.7
31.00	14.95	71.7	49.77	84.5
32.00	15.55	72.1	50.27	84.3
33.00	16.15	72.5	50.78	84.2
34.00	16.77	72.9	51.27	83.85
35.00	17.41	73.8	51.67	83.75
36.00	18.03	73.5	52.04	83.7
37.00	18.68	73.8	52.43	83.5
38.00	19.37	74.0	52.68	83.4
39.00	20.00	74.3	53.09	83.3
40.00	20.68	74.6	53.46	83.1
41.00	21.38	74.8	53.76	82.95
42.00	22.07	75.1	54.12	82.78
43.00	22.78	75.4	54.54	82.65
44.00	23.51	75.6	54.80	82.5
45.00	24.25	75.9	55.22	82.45
46.00	25.00	76.1	55.48	82.35
47.00	25.75	76.3	55.74	82.3
48.00	26.53	76.5	56.03	82.15

续表

液相组成		气相组成		沸点/℃
乙醇质量分数/%	乙醇摩尔分数/%	乙醇质量分数/%	乙醇摩尔分数/%	
49.00	27.32	76.8	56.44	82
50.00	28.12	77.0	56.71	81.9
51.00	28.93	77.3	57.12	81.8
52.00	29.80	77.5	57.41	81.7
53.00	30.61	77.7	57.70	81.6
54.00	31.47	78.0	58.11	81.5
55.00	32.34	78.2	58.39	81.4
56.00	33.24	78.5	58.78	81.3
57.00	34.16	78.7	59.10	81.25
58.00	35.09	79.0	59.50	81.2
59.00	36.02	79.2	59.84	81.1
60.00	36.98	79.5	60.29	81
61.00	37.97	79.7	60.58	80.95
62.00	38.95	80.0	61.02	80.85
63.00	40.00	80.3	61.44	80.75
64.00	41.02	80.5	61.61	80.65
65.00	42.09	80.8	62.22	80.6
66.00	43.17	81.0	62.52	80.5
67.00	44.27	81.3	62.99	80.45
68.00	45.41	81.6	63.43	80.4
69.00	46.55	81.9	63.91	80.3
70.00	47.74	82.1	64.21	80.2
71.00	48.92	82.4	64.70	80.1
72.00	50.16	82.8	65.34	80
73.00	51.39	83.1	65.81	79.95
74.00	52.68	83.4	66.28	79.85
75.00	54.00	83.8	66.92	79.75
76.00	55.34	84.1	67.42	79.72
77.00	56.71	84.5	68.07	79.7
78.00	58.11	84.9	68.76	79.65
79.00	59.55	85.4	69.59	79.55
80.00	61.02	85.8	70.29	79.5
81.00	62.52	86.0	70.63	79.4
82.00	64.05	86.7	71.86	79.3
83.00	65.64	87.2	72.71	79.2
84.00	67.27	87.7	73.61	79.1
85.00	68.92	88.3	74.69	78.95
86.00	70.63	88.9	75.82	78.85
87.00	72.36	89.5	76.93	78.75

续表

液相组成		气相组成		沸点/℃
乙醇质量分数/%	乙醇摩尔分数/%	乙醇质量分数/%	乙醇摩尔分数/%	
88.00	74.15	90.1	78.00	78.65
89.00	75.99	90.7	79.26	78.6
90.00	77.88	91.3	80.42	78.5
91.00	79.82	92.0	81.83	78.4
92.00	81.83	92.7	83.26	78.3
93.00	83.87	93.5	84.91	78.27
94.00	85.97	94.2	86.40	78.2
95.00	88.13	95.1	88.13	78.177
95.57	89.41	95.6	89.41	78.15

附录二　苯和氯苯有关性质

附表 2-1　苯和氯苯的物理性质

项目	分子式	分子量 M	沸点/K	临界温度 t_C/℃	临界压强 P_C/atm
苯 A	C_6H_6	78.11	353.3	562.1	48.3
氯苯 B	C_6H_5Cl	112.6	404.9	632.4	44.6

附表 2-2　苯和氯苯的饱和蒸汽压

温度/℃	P_A^0/mmHg	P_B^0/mmHg	x	y	温度/℃	P_A^0/mmHg	P_B^0/mmHg	x	y
80.1	757.62	147.44	1	1	110	2313	406.55	0.185	0.563
85	889.26	179.395	0.818	0.957	115	2638.5	477.125	0.131	0.456
90	1020.9	211.35	0.678	0.911	120	2964	547.7	0.0879	0.343
95	1185.65	253.755	0.543	0.847	125	3355	636.505	0.0454	0.201
100	1350.4	296.16	0.440	0.782	130	3746	725.31	0.0115	0.0566
105	1831.7	351.355	0.276	0.665	131.75	4210	760	0	0

附表 2-3　液体的表面张力

温度/℃	苯/(mN/m)	氯苯/(mN/m)	温度/℃	苯/(mN/m)	氯苯/(mN/m)
60	23.74	25.96	120	16.49	19.42
80	21.27	23.75	140	14.17	17.32
100	18.85	21.57			

附表 2-4　苯与氯苯的液相密度

温度/℃	苯/(kg/m³)	氯苯/(kg/m³)	温度/℃	苯/(kg/m³)	氯苯/(kg/m³)
60	836.6	1064.0	120	768.9	996.4
80	815.0	1042.0	140	744.1	972.9
100	792.5	1019.0			

附表 2 – 5 液体黏度 μ_L

温度/℃	苯/(mPa·s)	氯苯/(mPa·s)	温度/℃	苯/(mPa·s)	氯苯/(mPa·s)
60	0.381	0.515	120	0.215	0.313
80	0.308	0.428	140	0.184	0.274
100	0.255	0.363			

附录三　Antoine 方程常数

1. 常数和温度范围

附表 3 – 1　Antoine 方程的常数值和温度范围

物质	常数			温度范围	
	A	B	C	T_{min}	T_{max}
甲烷	6.3015	897.84	−7.16	93	120
乙烷	6.7709	1520.15	−16.76	130	230
丙烷	6.8635	1892.47	−24.33	180	320
正丁烷	6.8146	2151.63	−36.24	220	310
异丁烷	6.5253	1989.35	−36.31	210	310
丙烯	6.8012	1821.01	−24.90	180	270
苯	6.9419	2769.42	−53.26	300	400
甲苯	7.0580	3076.65	−54.65	330	430
甲醇	9.4138	3477.90	−40.53	290	380
乙醇	9.6417	3615.06	−48.60	300	380
异丙醇	9.7702	3640.20	−53.54	273	374
丙醇	7.5917	2850.59	−40.82	290	370
O_2	6.4847	734.55	−6.45	190	230
N_2	6.0296	588.72	−6.60	54	90
H_2	4.7105	164.90	3.19	14	25
CO_2	4.7443	3103.39	−0.16	154	204
H_2O	9.3876	3826.36	−45.47	290	500
NH_3	8.2674	2227.37	−28.74	200	270
$R_{22}(CHClF_2)$	25.5602	1704.80	−41.30	225	240

2. 方程

$$\ln p^\circ = A - \frac{B}{C+T} \qquad (p, \mathrm{MPa}; T, \mathrm{K})$$

附录四　常压下乙醇－正丙醇气液相平衡数据

1. 常压下乙醇－正丙醇气液相平衡数据

附表 4-1　常压下乙醇－正丙醇 $t-x-y$ 数据表

温度/℃	液相乙醇摩尔分数/x	气相乙醇摩尔分数/y
97.16	0.0000	0.0000
96.20	0.0392	0.0748
95.20	0.0784	0.1459
94.19	0.1176	0.2132
91.25	0.2353	0.3911
90.32	0.2745	0.4426
89.41	0.3137	0.4904
88.54	0.3529	0.5350
86.90	0.4314	0.6151
86.14	0.4706	0.6513
85.40	0.5098	0.6852
84.70	0.5490	0.7171
84.03	0.5882	0.7472
82.17	0.7059	0.8290
81.60	0.7451	0.8540
81.05	0.7843	0.8781
80.51	0.8235	0.9014
80.00	0.8627	0.9241
79.01	0.9412	0.9680
78.38	1.0000	1.0000

2. 乙醇、正丙醇物理性质数据（t：温度/℃）

乙醇气化潜热（kJ/kg）：$r = -0.0042t^2 - 1.5074t + 985.14$

正丙醇汽化潜热（kJ/kg）：$r = -0.0031t^2 - 1.1843t + 839.79$

乙醇比热[kJ/(kg·℃)]：$c_p = 4.3357 \times 10^{-5}t^2 + 0.00621t + 2.2332$

正丙醇比热[kJ/(kg·℃)]：$c_p = -8.3528 \times 10^{-7}t^3 + 1.2144 \times 10^{-5}t^2 + 0.00365t + 2.222$

3. 乙醇-正丙醇混合液的 $t-x-y$ 相图如图附－1 所示。

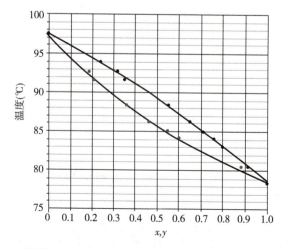

图附-1　乙醇－正丙醇混合液的 $t-x-y$ 相图

参考文献

［1］张金利，郭翠梨，胡瑞杰，等．化工原理实验［M］．天津：天津大学出版社，2016．

［2］夏清，陈常贵．化工原理［M］．天津：天津大学出版社，2010．

［3］史贤林，张秋香，周文勇，等．化工原理实验［M］．上海：华东理工大学出版社，2015．

［4］杨祖荣．化工原理实验［M］．北京：化学工业出版社，2014．

［5］李卫宏，姜亦坚，刘达．化工原理实验［M］．哈尔滨：哈尔滨工业大学出版社，2020．

［6］陈均志，李磊．化工原理实验及课程设计［M］．北京：化学工业出版社，2020．

［7］方安平，叶卫平．Origin 8.0 实用指南［M］．北京：机械工业出版社，2021．

［8］于成龙，郝欣，沈清．Origin 8.0 应用实例详解［M］．北京：化学工业出版社，2010．

［9］李润明，吴晓明．图解 Origin 8.0 科技绘图及数据分析［M］．北京：人民邮电出版社，2009．

［10］肖信．Origin8.0 实用教程—科技作图与数据分析［M］．北京：中国电力出版社，2009．